LECTURES ET DICTÉES

D'AGRICULTURE

PARIS. — IMP. SIMON RAÇON ET COMP., RUE D'ERFURTH, 1.

LECTURES ET DICTÉES
D'AGRICULTURE

POUR L'ENSEIGNEMENT PRIMAIRE

DANS LES ÉCOLES RURALES ET LES COURS D'ADULTES

MORCEAUX CHOISIS ET ANNOTÉS

PAR

GUSTAVE HEUZÉ

La nature cherche toujours à plaire par la variété.

HOGARTH.

PARIS
LIBRAIRIE AGRICOLE DE LA MAISON RUSTIQUE
26, RUE JACOB, 26

PRÉFACE

Suivant le rapport adressé à l'Empereur, le 27 août 1867, par le ministre de l'instruction publique et le ministre de l'agriculture, les instituteurs devront désormais donner, par le choix des dictées, des lectures et des problèmes, une direction agricole à leur enseignement, soit dans la classe du jour soit dans celle du soir.

Cette modification importante sera accueillie avec reconnaissance par tous les amis de l'agriculture puisqu'elle répond aux vœux émis dans l'enquête agricole, ouverte l'an dernier dans tous les départements de la France.

Le livre que nous publions permettra aux instituteurs des communes rurales de s'engager sûrement dans la voie que le gouvernement vient de leur tracer. Il comprend des morceaux choisis empruntés à nos meilleurs écrivains, à ceux surtout que l'agriculture considère à bon droit comme les véritables défenseurs de ses intérêts.

Dans la disposition des morceaux que nous avons choisis et qui nous ont paru en rapport avec l'intelligence des élèves des écoles rurales, nous avons placé au premier rang ceux que leur style rendait plus facile à saisir. Les écrits moins accessibles, par leur manière d'être, à l'esprit des jeunes gens, occupent la fin du livre.

Dans le but de rendre les lectures intéressantes et instructives, et les dictées simples ou difficiles, nous avons réuni les exemples les plus variés.

Nous aimons à le penser, ce livre, tel qu'il a été conçu, épargnera aux instituteurs la peine de lire et d'acheter un grand nombre d'ouvrages d'agriculture.

Paris, le 15 septembre 1867.

LECTURES ET DICTÉES
D'AGRICULTURE

LE PUITS ARTÉSIEN

La commune de Saint-Aubin-des-Alleuts est située sur un plateau élevé de 50 à 60 mètres audessus de la Loire, sur la route de Thouars à Angers, dans le département de Maine-et-Loire.

Affligé de voir ses paroissiens manquer d'eau, M. l'abbé Rouault, jeune ecclésiastique distingué par ses connaissances en géologie, botanique, agriculture et mécanique, ayant entendu parler d'eaux souterraines ramenées, jaillissantes, à la surface de la terre, à l'aide d'une sonde, aux environs de Loudun, dans le département de la Vienne, ne douta point que, d'après sa nature, la plaine de Saint-Aubin, plus basse que le pays de Loudun, ne présentât des conditions pour le moins aussi favorables au jaillissement des eaux souterraines. Sans fortune, l'abbé Rouault n'avait que son faible traitement qu'il partageait encore avec les pauvres de sa paroisse. Ne pouvant acheter une sonde, et cependant persuadé du succès du sondage qu'il ferait dans la plaine de Saint-Aubin, il essaya avec la tarière à manche de bois, dont se servait pour percer des moyeux le charron de son village, de percer la terre dans son jardin : un premier essai fut infructueux, il devait l'être; mais l'abbé Rouault n'était pas homme à se décourager : il recommença son essai ; et, s'armant de persévérance, et surtout de cette volonté de fer qui échoue rarement, quand elle est bien et sagement dirigée, il entreprit un nouveau sondage, et jugez de sa joie, quand, retirant avec peine sa tarière empâtée de glaise, il vit tout à coup surgir avec impétuosité, et inonder son jardin, un jet d'eau vive et abondante s'élevant à plusieurs mètres au-dessus du sol: le succès aussitôt ébruité fit accourir tous les habitants de Saint-Aubin. Émerveillés de ce prodige, ils comblèrent de bénédictions leur nouveau Moïse, et chantèrent, en buvant à longs traits, l'eau de sa fontaine miraculeuse.

Encouragé par l'allégresse, les cris de joie et les bénédictions de ses paroissiens, l'abbé Rouault entreprit, quelques jours après, un second puits avec son chétif instrument ; un plein succès couronna cette seconde tentative. Il en fit ensuite successivement plusieurs autres, sans jamais mettre aucun prix à ses travaux ; aussi la plaine de Saint-Aubin-des-Allents, autrefois sèche et aride, offre-t-elle aujourd'hui la plus belle, la plus brillante végétation. HÉRICART DE THURY.

(*Annales de la Société d'horticulture de Paris.*)

M. le vicomte Héricart de Thury est mort le 15 janvier 1854. Ce savant ingénieur en chef des mines aimait l'horticulture et l'agriculture avec passion.

LE LABOUREUR

Conduire une charrue paraît une chose bien facile ; cependant sur vingt laboureurs, on en trouve à peine un excellent, deux passables, et le reste au-dessous du médiocre.

On reconnaît un bon laboureur à la manière aisée dont il conduit et manie sa charrue ; à la facilité que l'habitude lui a donnée de la faire enfoncer ou soulever à volonté ; à l'art d'ouvrir des sillons égaux et droits ; au renversement des bandes de terre, etc. Enfin, un bon laboureur est celui qui ne fatigue pas ses bêtes et qui sait proportionner la profondeur du sillon à la qualité de la terre.

Un bon laboureur s'attache à ses animaux ; il les aime, les caresse, les bat rarement ; aussi obéissent-ils toujours à sa voix. A peine est-il rentré dans l'écurie, qu'il les bouchonne, les couvre au besoin et leur fait une bonne litière. Mais son zèle souvent trop empressé le porte à leur donner plus de fourrage qu'ils ne doivent en consommer.

L'on observe presque toujours que les mauvais laboureurs s'attachent rarement à leurs bêtes ; celles-ci sont sales, mal soignées, mal nourries ; et cette négligence vient de ce qu'ils labourent sans le désir de bien faire, en un mot parce qu'ils sont obligés de travailler pour vivre. De ce peu d'aptitude, de cette indifférence, naît l'insouciance où ils sont de la conservation du bétail.

Dès que vous connaîtrez un bon laboureur dans le canton, n'épargnez ni soin, ni argent pour vous le procurer, et tâchez de vous l'attacher par de bons procédés et surtout par de bons gages ; votre argent sera placé à gros intérêt. L'abbé Rozier.

(*Cours d'agriculture.*)

L'abbé Rozier fut tué dans son lit par la chute d'une bombe dans la nuit du 29 septembre 1793. On lit encore ses ouvrages avec intérêt.

LES JARDINS DE LA PETITE CULTURE

Rien de plus négligé, en général, et conséquemment de moins productif que les jardins de la petite culture et particulièrement les vergers. Si l'on y récolte quelques légumes, il est rare qu'ils aient été l'objet d'un choix judicieux. Le manouvrier, le métayer sèment au hasard des choux, des carottes, des haricots, sans se douter qu'il y ait, suivant la nature du sol, les besoins du ménage, l'époque du semis, un choix à faire dans les nombreuses espèces ou variétés légumières, dont ils ne soupçonnent pas même l'existence. Les arbres fruitiers ne sont pas l'objet de soins plus intelligents, et cependant la production des fruits forme, dans bien des contrées, une branche importante de l'industrie rurale.

La Touraine, avec ses pruneaux, la Bourgogne, avec son raisiné, la Normandie, avec ses pommes, l'Auvergne, avec ses pâtes et ses conserves de fruits, réalisent chaque année des bénéfices importants, dont il serait facile d'améliorer et de développer la source.

La plantation des arbres est le plus souvent fort mal comprise dans les campagnes ; la greffe, le choix et l'entretien des essences fruitières sont abandonnés à l'empirisme le plus grossier. On plante au hasard sans s'inquiéter de la qualité des fruits. Il est telle contrée, à notre connaissance, où la prune de reine-claude est, pour ainsi dire, un fruit de luxe : maîtres et valets sont réduits à une mauvaise petite prune noire, dont le nom vulgaire indique assez qu'elle devrait être réservée pour un tout autre usage que pour la consommation des hommes. A bien plus forte raison n'est-il pas question d'espaliers, et les expositions les plus favorables demeurent-elles inutilisées. EUGÈNE MARIE.

(*Journal d'agriculture pratique.*)

M. Eugène Marie est un des meilleurs élèves de l'École d'agriculture de Grignon. Il est chef de bureau au ministère de l'agriculture et secrétaire de la Société impériale et centrale d'agriculture de France.

LES CHIENS DU BERGER

Les chiens de garde sont ordinairement employés pour les troupeaux de montagnes et dans les contrées où les loups abondent. On en connaît de différentes races ayant quelque analogie avec le chien de Terre-Neuve et le chien du Saint-Bernard.

On arme ces chiens de colliers de métal ou de cuir très-épais et hérissé de pointes de fer ; c'est par le cou, en effet, que le loup cherche à les saisir ; ces chiens sont ordinairement dressés à la chasse de cet animal, qu'ils sentent au flair et qu'ils chassent avec beaucoup d'ardeur lorsqu'ils ont été déjà mis en présence de ces animaux et qu'ils y ont été encouragés par le berger. Les chiennes sont préférées, parce que les mâles montrent parfois de l'indulgence pour les louves. Les chiens de berger d'une certaine taille se battent également contre les loups.

Les chiens de berger proprement dits, qu'on appelle encore *chiens de Brie* ou *briards*, parce que c'est dans la Brie (Seine-et-Marne) où se trouvaient les meilleurs, appartiennent à une race particulière qui se trouve rarement aujourd'hui à l'état de pureté. On doit tenir à ce qu'ils sortent d'une lignée de parents bien exercés. Chez les bons chiens les oreilles sont droites et courtes, le museau effilé, les poils sont longs, particulièrement sous la queue qui se tient ordinairement horizontale ou dressée, surtout lorsque l'animal est animé ; le pelage est en général noir, plus ou moins foncé, quelquefois avec balzanes rouges aux pattes ; l'odorat du chien de berger est peu développé comparativement aux autres races de son espèce, mais il a une aptitude particulière pour la garde des troupeaux ; bien dressé, il est plus utile qu'un aide; à la voix, ou simplement même au moindre signe du berger, il va, vient sur la ligne qu'on lui a donné à garder, fait le tour d'un troupeau, accélère ou ralentit sa marche, se tient quelquefois lui-même sur la limite d'un champ, repousse les bêtes qui cherchent à y pénétrer, fait avancer les bêtes retardataires, tient le troupeau réuni dans l'endroit désigné, court à la poursuite des moutons fuyards et ramène ceux qui se sont écartés; il demande néanmoins pour être bien dressé beaucoup de patience et de persévérance, et surtout l'exemple d'un chien moniteur déjà bien au courant de son travail. LEFOUR.

(*Le Mouton.*)

M. Lefour est mort en 1861 ; il était alors inspecteur général de l'agriculture.

LE VIGNERON

Le vigneron est bien le soldat toujours campé et toujours en campagne; il attaque avec ses bras vigoureux le sol de pierre ou de granit; il le fouille, il le hache, il le culbute avec la pioche, avec le pic, avec la poudre; il lutte contre les frimas, contre la gelée, contre les brumes, contre la pluie, contre la grêle, contre l'oïdium, la pyrale, fléaux de la vigne; il brave la fatigue, le froid et le chaud. Toujours debout avant le soleil, il travaille et veille sans cesse avec une infatigable opiniâtreté, avec un courage indomptable.

Rien n'égale l'activité, la force, l'intelligence du vigneron, si ce n'est l'activité, la force, l'intelligence de la vigneronne, intrépide cantinière qui prépare ses vêtements et ses aliments, nourrit et soigne ses enfants en un tour de main, prend sa charge et son tricot, va et vient, quatre fois par jour, de la maison au champ de travail; travaille aux côtés de son mari, rentre avant lui pour que son homme, ses enfants et ses bêtes ne manquent de rien, et ne se repose qu'après avoir pourvu aux besoins de tous. Que de peines, que d'anxiétés, que d'émotions d'avril en octobre pour les gens d'un tel labeur, d'un tel courage, d'un tel cœur!

GUYOT.

(*Culture de la vigne.*)

M. le docteur Guyot voyage et étudie la culture de la vigne. On lit ses ouvrages avec plaisir.

LES MARAIS MOUILLÉS DU POITOU

La partie du rivage qu'on appelle les *marais mouillés* est recouverte par la mer dans les hautes marées, ou inondée par les pluies d'hiver[1]. Rien de triste comme cette vaste étendue tour à tour reprise ou laissée par les eaux, et découpée par les digues étroites qui sont les chemins des marais. Partout la solitude et le silence. On n'entend que le clapote-

[1] La partie basse et humide de la côte du Poitou appartient au bassin de la Sèvre niortaise. Au seizième siècle, on l'appelait *la Petite-Hollande*. G. H.

ment des eaux contre le pied des terrées. Parfois un bruit sourd de rames ou le chant plaintif du huttier qui refait sa cabane de roseaux et de branchages. Point de village montrant au loin son clocher qui annonce que là on prie, on aime; point de ferme, ni le bruit joyeux des troupeaux qui rentrent à l'étable, ni l'aigrette de fumée s'échappant le soir du haut des toits, signe que la famille, dispersée par les travaux du jour, se réunit autour du foyer domestique; pas même d'arbre, si ce n'est le saule bas et trapu, tristement étêté, et, dans les roselières, l'*arundo phragmites*, le roseau à balais, qui élève à deux mètres ses fleurs d'un rouge sombre, plante précieuse toutefois, et la providence de la contrée, car elle nourrit de ses feuilles la vache du cabanier, quelquefois, dans les temps de disette, le nourrit lui-même de ses jeunes pousses ou de ses racines réduites en farine, et toute l'année le chauffe et l'abrite. C'est le seul bois du pays; les huttes en sont faites. Là, habitent pêle-mêle l'homme, la femme, les enfants et la vache. Mais le maraîchain y reste peu; sa yole est sa vraie maison. Il y naît, il y vit, il y meurt. Elle lui sert à chercher le long des digues l'herbe pour la vache, à tendre les filets, ou à poursuivre les oiseaux aquatiques, les maîtres véritables du marais.

V. Duruy.

(*Introduction à l'histoire de France.*)

M. Duruy, ancien professeur de l'université, est aujourd'hui ministre de l'instruction publique.

LES FORÊTS

C'est dans les forêts que l'homme a trouvé les premiers éléments de son bien-être et les instruments de son émancipation. Les premiers peuples ont été des peuples chasseurs. C'est du produit de la chasse et des fruits sauvages qu'ils vivaient presque exclusivement, et ce sont les bois eux-mêmes qui leur fournissaient aussi et les abris grossiers dont ils se contentaient, et les armes dont ils se servaient. Plus tard, quand ils connurent l'art de domestiquer les animaux, ils devinrent pasteurs; ils franchirent le premier degré de l'échelle de la civilisation, et ce progrès eut pour conséquence immédiate et forcée le défrichement d'une certaine portion des bois au milieu desquels ils vivaient; on dut créer des pâturages. Enfin, l'agriculture fut inventée, et à partir de ce moment, la variété et la quantité toujours croissantes des matières alimentaires favorisèrent l'augmentation de la population, provoquèrent de nouveaux besoins. Les sociétés se constituèrent d'abord en tribus, puis en corps de nation. Le sol était conquis; il fallait conquérir les eaux; les forêts en fournirent encore les moyens. Elles suffirent à toutes les exigences; on les attaqua de tous les côtés et par tous les motifs; tantôt parce qu'elles étaient un obstacle à la culture des céréales, tantôt parce qu'elles renfermaient des instruments de travail ou de transport.

TASSY.

(*Aménagements des forêts.*)

M. Tassy est conservateur des forêts. Il a professé la sylviculture à l'ancien Institut agronomique de Versailles.

LES EFFETS DU DRAINAGE

Le rapide écoulement des eaux de pluie à travers le sol et l'abaissement des eaux stagnantes, quelle qu'en soit l'origine, à une profondeur suffisante pour ne plus nuire au développement des racines, sont les deux résultats directs et immédiats d'un drainage [1] bien fait.

De ces deux premiers effets résultent pour les terres auxquelles le drainage peut s'appliquer avantageusement, une moindre évaporation à la surface de la terre, un accroissement notable de la chaleur du sol, une modification profonde de la constitution de la couche arable, qui a moins de tendance à se fendre et conserve par suite plus de fraîcheur pendant l'été, une augmentation énorme de la fertilité, par l'introduction dans la terre des gaz et des substances les plus nécessaires au développement de toutes les récoltes, et enfin, une amélioration

[1] Le *drainage* est l'opération à l'aide de laquelle on facilite l'écoulement des eaux nuisibles à la végétation des plantes cultivées. Il consiste à creuser des tranchées ou *drains* et à remplir leur partie inférieure de pierres et de tuyaux en terre cuite. Ces rigoles souterraines ont de $0^{m},75$ à $1^{m},20$ de profondeur. G. H.

considérable dans l'état sanitaire et le régime général des eaux des contrées où les travaux de cette espèce s'exécutent sur une certaine échelle.

Les eaux de pluie, étant rapidement absorbées par les terrains drainés, ne peuvent plus se réunir, dégrader la surface des champs et délaver les fumiers, en entraînant au loin leurs principes les plus précieux. C'est pour le cultivateur une économie de chaque jour, dont on n'apprécie pas assez généralement toute l'importance.

L'application du drainage aux terres humides permet de les labourer presque en toute saison, avantage que tous les agriculteurs sauront apprécier.

La santé des bestiaux s'améliore rapidement sur les terrains drainés. La pourriture, en particulier, cesse d'attaquer les moutons ; aussi voit-on toujours les animaux se réunir de préférence sur les parties drainées de la pièce qu'ils pâturent.

L'eau qui imbibe le sol, et qui est entraînée par les tuyaux, est immédiatement remplacée par de l'air atmosphérique que chasse ensuite une nouvelle pluie. Ce second volume d'eau est à son tour remplacé par de l'air, et ainsi de suite successivement. Ce renouvellement, autour des racines, des principes les plus nécessaires à l'alimentation des végétaux, permet aux plantes de se développer dans les meilleures conditions.

L'époque de la maturité des récoltes est notablement avancée par l'accroissement de chaleur qui résulte pour le sol d'un drainage bien exécuté. Cet effet est maintenant parfaitement constaté.

Quant à l'influence du drainage sur la salubrité publique, elle est manifeste. Dans beaucoup de localités, on a vu les fièvres intermittentes épidémiques disparaître après l'exécution de grandes opérations de cette espèce. Souvent les brouillards cessent de se manifester sur les terres assainies.

HERVÉ-MANGON.

(*Instruction sur le drainage.*)

M. Hervé-Mangon est professeur à l'École des ponts et chaussées et au Conservatoire des arts et métiers, à Paris.

L'AJONC DES LANDES

Les landes ne sont pas par elles-mêmes tout à fait improductives ; elles forment des pâturages meilleurs qu'ils n'en ont l'air, et parmi les plantes sauvages qui les composent, il en est une, l'ajonc, qui prend rang, depuis qu'elle est bien connue, parmi les richesses naturelles.

L'ajonc peut recevoir quatre destinations différentes, qui répondent à autant de besoins : il forme des clôtures que la force de ses jets et de ses épines rend bientôt impénétrables ; il donne en abondance des fagots pour le chauffage dans un pays qui manque de bois ; il fournit des litières qui repoussent à mesure qu'on les coupe ; et, ce qui achève de le rendre précieux, il devient, quand il est haché ou écrasé, une excellente nourriture pour les animaux, et surtout pour les chevaux.

On ne se contente plus de celui qui pousse naturellement, on en sème. Un champ de cet ajonc cultivé dure de vingt à trente ans; on le considère comme l'équivalent d'un bon pré. A mesure que la culture le modifie, il devient plus tendre, et on ne désespère pas de le dépouiller de ses piquants. C'est la luzerne de la Bretagne.

DE LAVERGNE.

(*Économie rurale de la France.*)

M. de Lavergne est membre de l'Académie des sciences morales et de la Société impériale d'agriculture de France. Il a professé l'économie rurale à l'ancien Institut agronomique de Versailles.

LES JEUNES OUVRIERS AGRICOLES

Dans tous les travaux qu'ils exécutent avec les grandes personnes, les jeunes gens doivent regarder attentivement comme elles s'y prennent, et faire tous leurs efforts pour les imiter, non pas quant à la force, mais quant à l'habileté, car ils doivent au contraire se garder de faire, par amour-propre, des efforts au-dessus de leur âge, comme de porter des poids trop lourds. Ce n'est pas là où l'on connaît l'homme laborieux.

Ils doivent aussi prendre toutes les précautions nécessaires pour conserver leur santé; car, après une bonne conscience, c'est le premier bien de ce monde. Quand ils auront chaud, ils se garderont de se coucher sur la terre fraîche, ou de boire de l'eau froide ; ils attendront ou ne prendront que quelques gorgées, qu'ils feront passer lentement dans la bouche. Par les temps d'orage, ils éviteront de se mettre à l'abri sous les arbres, car la foudre y tombe souvent.

Quoiqu'il soit bon qu'ils s'habituent au chaud, au froid et à l'humidité, ils feront bien cependant de changer de vêtements, lorsqu'ils auront été mouillés ; ils éviteront avec grand soin de manger des fruits verts, car ces fruits sont très-malsains et punissent ordinairement, par des maladies, les maraudeurs qui les volent. Enfin, que dans toutes leurs actions ils aient constamment présente à l'esprit cette pensée : *que Dieu les voit et que toute faute porte avec elle sa punition.* L. MOLL.

(*Manuel d'agriculture.*)

M. Moll est professeur d'agriculture au Conservatoire des arts et métiers. Il est membre de la Société impériale et centrale d'agriculture de France.

LE LOUP

Le loup, d'appétit si carnassier, n'excelle dans son métier de bourreau qu'après une forte éducation.

Louveteau, sa mère lui montre où se retire la proie, comment on l'évente, on l'attaque, et comment on se dérobe aux poursuites en fuyant le nez constamment au vent, boussole toujours fidèle. Les chasses répétées fortifient sa vue, aiguisent son odorat et rectifient ses jugements nés d'une première impression.

L'éducation maternelle terminée, le jeune loup doit vivre désormais de sa propre expérience; la ruse, l'industrie, l'invention, comme autant d'auxiliaires, lui viennent en aide à la suite des assauts que lui livrent la faim et les embûches de toute espèce. L'habitude du péril le familiarise avec le calcul des probabilités, il arrive de la sorte à l'âge adulte. L'amour alors se fait sentir ; le mariage, la famille, en multipliant ses besoins, lui apportent de nouvelles idées et le complètent. Tant qu'ils vivent en société, le loup et la louve se défendent mutuellement et chassent de concert, leurs chances de réussite sont doublées. La femelle ira au-devant du chien et se fera donner la chasse, afin que le mâle débarrassé de cette sentinelle importune, puisse insulter le parc et ravir un mouton privé de son défenseur. S'agit-il d'attaquer une bête fauve, les rôles se divisent suivant la force de chacun. Le loup guette, attaque, poursuit et met la proie hors d'haleine ; la louve, elle, postée d'avance en embuscade, la relance dans un défilé et rend bientôt la lutte inégale.

VICTOR RENDU.

(*L'Intelligence des bêtes.*)

M. Rendu est inspecteur général de l'agriculture et l'un des auteurs de l'ouvrage intitulé : *Dieu et ses œuvres.*

LA CHÈVRE

La chèvre a de sa nature plus de sentiment et de ressource que la brebis ; elle vient à l'homme volontiers, elle se familiarise aisément, elle est sensible aux caresses, et capable d'attachement ; elle est aussi plus forte, plus légère, plus agile, et moins timide que la brebis, elle est vive, capricieuse, lascive et vagabonde ; ce n'est qu'avec peine qu'on la conduit et qu'on peut la réunir en troupeau. Elle aime à s'écarter dans les solitudes, à grimper sur les lieux escarpés, à se placer et même à dormir sur la pointe des rochers et sur le bord des précipices ; elle est robuste, aisée à nourrir ; presque toutes les herbes lui sont bonnes, et il y en a peu qui l'incommodent.

Le tempérament qui, dans tous les animaux influe beaucoup sur le naturel, ne paraît cependant pas dans la chèvre différer essentiellement de celui de la brebis. Ces deux espèces d'animaux, dont l'organisation intérieure est presque semblable, se nourrissent, croissent et multiplient de la même manière, et se ressemblent encore par le caractère des maladies, qui sont les mêmes, à l'exception de quelques-unes auxquelles la chèvre n'est pas sujette. Elle ne craint pas, comme la brebis, la trop grande chaleur, elle dort au soleil, et s'expose volontiers à ses rayons les plus vifs sans en être incommodée, et sans que cette ardeur lui cause ni étourdissement ni vertiges ; elle ne s'effraye point des orages, ne s'impatiente pas à la pluie ; mais elle paraît être sensible à la rigueur du froid.

Les mouvements extérieurs, lesquels, comme nous l'avons dit, dépendent beaucoup moins de la conformation du corps que de la force et de la variété des sensations relatives à l'appétit et au désir, sont par cette raison beaucoup moins mesurés, beaucoup plus vifs dans la chèvre que dans la brebis. L'inconstance de son naturel se marque par l'irrégularité de ses actions. Elle marche, elle s'arrête, elle court, elle bondit, elle saute, s'approche, s'éloigne, se montre, se cache ou fuit comme par caprice, et sans autre cause déterminante que celle de la vivacité bizarre de son sentiment intérieur, et toute la souplesse des organes, tous les nerfs du corps, suffisent à peine à la pétulance et à la rapidité de ses mouvements qui lui sont naturels.

De Buffon.

(*Histoire des animaux.*)

De Buffon est mort le 16 avril 1788. Son plus grand titre à la reconnaissance de tous, c'est d'avoir popularisé l'histoire naturelle par la beauté du style.

LA CONSTATATION DES TRAVAUX JOURNALIERS

Il est très-utile que le maître réunisse tous les chefs, chaque soir à heure fixe et après la terminaison des travaux du jour, afin de se faire rendre compte des opérations et donner ses ordres pour le lendemain.

Pendant vingt ans, j'ai suivi cette méthode à Roville, et j'ai pu apprécier par expérience les avantages que l'on en retire. A huit heures précises, au son d'une cloche, les chefs se rendaient au bureau, et j'entends ici, par chefs, les hommes qui dans les diverses branches de service recevaient les ordres directement de moi.

Tout le monde était assis; on commençait par inscrire, d'après les indications fournies par les chefs respectifs relativement aux diverses branches des opérations, toutes les notes qui devaient servir à la tenue de la comptabilité. Ainsi, on inscrivait le nombre d'heures appliquées dans la journée par chacun des employés de la ferme, individuellement, à chaque genre de travail ; le nombre d'heures employées par les chevaux et par les bœufs à chaque espèce de travaux ; la consommation de chaque genre d'animaux en fourrages de diverses sortes, le nombre de voitures de fumier conduites dans la journée dans chaque pièce de terre, ainsi que la provenance de ce fumier ; le nombre de gerbes de chaque espèce de céréales rentrées, en indiquant les pièces d'où on les avait tirées et les lieux où on les avait serrées ; le nombre de gerbes battues et le produit en grains, la quantité de fourrage rentré provenant de chaque pièce de terre ou de pré ; la nature des travaux de culture exécutés sur chaque pièce de terre, etc. Au moyen de tableaux disposés d'une manière convenable, et où il n'y avait généralement que des chiffres à poser dans des colonnes tracées à l'avance, tout ce travail n'exigeait jamais plus de six à sept minutes. Ensuite, sur les questions que je leur adressais, les chefs donnaient les renseignements que je désirais sur les diverses opérations de la journée, et ils recevaient mes instructions pour le travail du lendemain.

MATHIEU DE DOMBASLE.

(*Traité d'agriculture.*)

Mathieu de Dombasle est mort en 1840. C'est lui qui avait créé la célèbre École d'agriculture de Roville et qui est l'inventeur de la charrue qu'on désigne sous le nom de *charrue Dombasle*.

LA CALANDRE OU LE CHARANÇON DU BLÉ

La calandre (*calandra granaria*) détruit immensément de grains, en dévorant, à l'état de larve surtout, l'intérieur farineux du blé.

On distingue ce coléoptère en ce qu'il a, comme les autres charançons, un bec allongé, des tarses à quatre articles, des antennes coudées insérées à la base du bec, formées de huit articles dont le dernier prend la forme d'une massue. Les élytres sont durs, l'abdomen finit en pointe. Les pieds sont terminés par de petits crochets avec lesquels l'insecte se cramponne fortement.

C'est de tous le plus redoutable par ses ravages

dans notre principale nourriture, le froment, car il se multiplie parfois en si grande abondance dans les masses de blé des greniers, qu'il ronge tout et ne laisse exactement que le son ou l'enveloppe du grain. Chaque larve, en effet, toujours isolée en chaque grain, s'y loge et grossit à mesure qu'elle en dévore toute la farine ; alors elle prend la forme de nymphe pour devenir insecte parfait.

La calandre à l'état de larve se présente comme un ver mou, allongé, très-blanc; son corps a neuf anneaux saillants, arrondis; sa longueur ne dépasse guère une ligne ; sa tête écailleuse, jaune et arrondie, est armée de mâchoires rongeantes. La nymphe qui lui succède est également blanche, mais transparente, et l'on distingue sous son enveloppe la trompe, les antennes et les membres de l'animal; en cet état, il ne mange pas. Après huit ou dix jours de cette somnolence immobile, l'insecte rompt la coque dans laquelle il se tenait emmaillotté, soulève une calotte du grain et la calandre paraît au jour.

Sous cette forme dernière, le charançon du blé cherche à s'accoupler, puis la femelle pond bientôt des œufs et les dépose sur les tas de froment; mais il paraît qu'alors l'insecte est moins destructeur qu'à l'état de larve.

La chaleur atmosphérique hâte beaucoup le développement et les dégâts des calandres, tandis que pendant un froid vif elles s'engourdissent et restent incapables de nuire. Dès le mois d'avril, sous nos climats tempérés, les calandres pondent et se propagent jusqu'à la mi-septembre. Les reproductions des calandres ont lieu plusieurs fois dans l'année (quoique chaque individu meure après sa génération); il s'écoule de quarante à quarante-cinq jours entre le dépôt d'un œuf et sa transformation en insecte parfait. D'après une table formée par la multiplication des calandres, une seule paire de ces insectes, pondant à la fin d'avril des œufs dont les individus se multiplieront jusqu'au milieu de septembre, ou pendant cinq mois par une température moyenne de 15°, il doit en naître six mille quarante-cinq calandres. Qu'on juge de l'immensité de ces insectes, sous des températures plus chaudes, et combien de monceaux énormes de blé disparaissent sous les mâchoires de ces armées de rongeurs !

La calandre femelle ne dépose qu'un œuf sur chaque grain de blé, entre la pellicule et la farine; la larve qui naît reste parfaitement à l'abri, ses excréments servent à boucher le trou par lequel l'œuf a été introduit. Les monceaux de blé attaqués ne le sont pas à la superficie, mais bien à quelques pouces de profondeur, afin que l'insecte soit plus à l'abri ; on n'aperçoit rien qui le décèle extérieurement, le grain paraît être entier, seulement son poids est moindre, et il surnage sur l'eau, lorsqu'il a été vidé par l'insecte, l'odeur et la marche peuvent seuls l'indiquer. La calandre n'aime pas à être remuée par le crible ou la pelle, alors elle déloge et quitte le grain. Elle le quitte aussi dans les temps froids, pour chercher un abri plus chaud dans les fentes des planches ou des murs des greniers. Ce ne sont guère que les œufs et les larves qui restent engourdis, qui passent l'hiver.

De Monny de Mornay.

(*Le Livre du meunier.*)

M. de Monny de Mornay est directeur de l'agriculture au ministère de l'agriculture, du commerce et des travaux publics. Il appartient aussi à la Société impériale et centrale d'agriculture de France.

LE CRÉPUSCULE ET L'AURORE

Le soir est peut-être le moment de la journée où les campagnes prennent les plus magnifiques décors, et cela tient aux rayons rouges qui dominent ; cela tient surtout aux tons très-doux de ces rayons, et si leur apparition coïncide avec l'époque où les feuilles encore jeunes offrent le vert tendre sur un ton de même hauteur que le rouge, on remarque alors les plus beaux effets du contraste simultané.

L'affaiblissement du jour augmente les effets de contraste. Les nuances que présentent les fleurs et la campagne, dominées et avivées par la lumière solaire, sont moins soumises aux lois qui peuvent les modifier; mais quand la lumière s'affaiblit, quand, le soir, le soleil décline et surtout quand il abandonne au crépuscule le soin de colorer le ciel et la terre, alors la loi des contrastes reprend toute sa puissance, le paysage change de couleur, et les impressions du soir ne sont ni celles de l'aurore, ni celles du milieu du jour.

C'est à cette cause qu'il faut attribuer le charme indéfinissable d'une belle forêt, quand, placé sur la lisière, l'œil peut à la fois contempler la verdure du feuillage, le mystère de ces ombres profondes et dégagées, et voir au-dessus d'elle le ciel rose marbré de nuages floconneux, où plusieurs tons de la gamme carminée ou de la gamme écarlate produisent aussi des accords harmonieux. Si l'on pénètre sous les voûtes de cette forêt et que le feuillage vu par transparence vous offre les nuances vives du vert, vous aurez, par la grosseur des troncs, par la multitude des branches et par leur sombre couleur, un autre effet de contraste analogue à celui qui est produit dans les églises par les vitraux colorés enchâssés dans les massifs de pierre, et dont l'éclat est rehaussé par l'opacité des murs. De même dans cette circonstance, le tronc volumineux des arbres et le nombre infini des branches ne laissent arriver la lumière que par de petites ouvertures, et la clarté voilée et douteuse qui se répand sous ces voûtes assombries est certainement la cause du recueillement qui nous saisit dans ces deux circonstances.

La lumière du matin diffère de celle du soir. Si des vapeurs sont répandues dans l'atmosphère, les ombres des plantes, quand elles se projettent sur un corps blanc, paraissent d'un beau bleu, et si ces ombres tombent sur un corps jaune ou jaunâtre, elles paraissent vertes. Souvent les matinées d'automne donnent ces ombres colorées qui ajoutent un charme de plus au spectacle des couleurs. Si l'air est privé de nébulosité[1], les rayons rouges qui précèdent l'aurore s'effacent peu à peu, et le soleil verse bientôt sur la campagne les flots de jaune et d'orangé qui produisent les apparences dorées que nous montrent le milieu du jour et les contrées chaudes de la terre.

H. Lecoq.

(*La Géographie botanique.*)

M. H. Lecoq, savant botaniste, est professeur d'histoire naturelle à Clermont-Ferrand (Puy-de-Dôme).

LA BETTERAVE A SUCRE

La culture de la betterave à sucre, on ne saurait trop le répéter, partout où l'industrie l'a introduite, a décuplé les richesses du pays. Les préjugés absurdes qui la supposaient contraire à la production des céréales ont cédé à la force de l'évidence ; les belles récoltes de blé obtenues après la betterave, dans les terres qui jadis n'en donnaient que de médiocre, ont répondu victorieusement à d'injustes préventions et viennent corroborer, de tout le poids de l'expérience, le raisonnement, par lequel il faut se

[1] Nuages légers.

rendre compte du mode de végétation et de culture propre à cette racine. En effet, la betterave se nourrit en partie du gaz de l'atmosphère qu'elle absorbe par ses larges feuilles, et sa racine pivotante prend, à une grande profondeur, le reste de la substance qui lui est nécessaire, en y puisant des sucs qui enrichissent le domaine de la végétation, et que l'analyse a prouvés être tout différents de ceux qui constituent la substance des graminées. Son épais feuillage abrite le terrain, le tient constamment frais et empêche qu'il ne soit affecté par les rayons solaires. Les nombreux sarclages qui précèdent la récolte, les défoncements produits par sa longue racine et par son extraction, font l'effet d'un profond labour, ameublissent la terre et la purgent de toutes herbes parasites. Les résidus de la fabrication donnent une excellente alimentation au bétail et de riches engrais à la terre.

Les bienfaits de la fabrication du sucre de betteraves s'étendent aussi sur toute la classe ouvrière, où elle répand l'aisance en utilisant une foule de bras inoccupés dans la morte saison, où le pauvre habitant des campagnes se trouve exposé aux besoins et aux intempéries de l'hiver.

Baron d'HERLINCOURT.

(*Enquête de l'agriculture.*)

M. le baron d'Herlincourt est propriétaire agriculteur à Étrépigny (Pas-de-Calais).

LE PIN MARITIME OU PIN DES LANDES.

La croissance rapide de cet arbre vert a été un attrait puissant pour les forestiers. Quelle essence pourrait, comme le pin des landes, donner des produits après sept ou huit ans d'ensemencement, et offrir dès cette époque une force et une vigueur qui changent complétement l'aspect du pays, et font déjà voir une forêt naissante sur des landes naguère incultes et improductives?

Ajoutons à ces avantages celui de prospérer dans des sables légers et ingrats qui seraient impropres à toute autre production, et nous comprendrons facilement pourquoi le pin maritime a une si large part dans la mise en valeur des bruyères.

Le forestier landais ou solognais montre avec orgueil les plaines considérables de bruyères qui, par ses soins, ont été transformées en forêts résineuses. A la lande, où vivaient de chétifs troupeaux, a succédé une immense futaie qui fournit en abondance des bois d'œuvre et de chauffage et diverses matières résineuses fort appréciées par le commerce.

Que de villages dont la fondation remonte à l'introduction du pin maritime! Avant cette essence on manquait de bois de charpente et de bois de chauffage pour la cuisson des briques et des tuiles, matériaux indispensables pour construire des habitations dans des localités privées de toute espèce de voie de transport.

Je n'en finirais pas si j'énumérais ici tous les services rendus à l'humanité par le développement de cette essence résineuse.

Afin de ne point anticiper sur un sujet qui sera exposé avec détail dans le cours de cet ouvrage, je résumerai seulement, par quelques traits saillants, les principales applications de cette essence.

D'immenses plaines sablonneuses de la Gascogne, de l'Orléanais, de la Touraine et du Maine, ne sont devenues productives que par les semis de cet arbre vert.

Certains cantons, autrefois déserts et inhabités, ne doivent leur amélioration qu'au pin maritime, qui a fourni les premiers matériaux indispensables pour la construction des maisons et des bâtiments d'exploitation. Par son bois et ses matières résineuses, il rend une foule de services à l'industrie et à l'économie domestique. Le boulanger lui demande le combustible pour la cuisson de son pain ; le peintre, la térébenthine pour ses vernis et ses peintures ; le marin, les goudrons pour ses cordages, les bois et les poix pour son navire et ses embarcations.

Aux bords de l'Océan, le pin de Bordeaux a offert par sa végétation puissante et rapide le seul moyen efficace d'arrêter la marche des dunes, véritable mer de sable, dont les vagues mobiles allaient au loin stériliser les champs, et porter la désolation et la misère dans des centres importants de population.

Son abri protecteur, contre l'action caustique des vents salés, permet aux cultures de se développer dans le voisinage de la mer sur des surfaces qui seraient à jamais restées incultes et improductives sans la présence du pin maritime, qui, mieux que toute autre essence, résiste énergiquement à la violence des vents et des tempêtes.

Il n'est point en France une localité où le pin maritime soit inconnu; dans les terres fertiles où sa culture forestière serait un contre-sens économique, on lui réserve une place importante dans la décoration des parcs d'agrément.

Enfin cet arbre qui, dans la lande défrichée, apparaît comme le premier symptôme du progrès et de la civilisation, se trouve encore mêlé à la découverte la plus belle et la plus extraordinaire de notre époque. N'est-ce pas, en effet, le pin maritime qui partage avec deux de ses congénères le privilége de soutenir ces fils légers qui, en une seconde, transportent la pensée humaine aux deux extrémités du monde? A. Boitel.

(*Les Terres pauvres.*)

M. Boitel est ancien élève de l'école de Grignon, membre du conseil d'administration de la Société d'encouragement pour l'industrie nationale et inspecteur général de l'agriculture.

LES IRRIGATIONS.

Procurer de la fraîcheur à la terre pendant les mois secs et brûlants de l'été, c'est prolonger la végétation, suspendue pendant cet intervalle ; c'est doubler la durée de l'année agricole : aussi l'Espagne, l'Italie, l'Asie occidentale, la France méridionale ont mis le plus grand intérêt à ces dérivations d'eaux qui procurent la fertilité à leurs plaines. Depuis que les canaux de la Perse et de la Mésopotamie sont comblés, ces riches contrées sont dans un état de décadence affreux, et l'Égypte elle-même, qui, depuis que les canaux des pharaons sont en partie détruits, a si fort déchu de son antique splendeur, ne doit ce qu'elle en conserve qu'aux inondations du Nil dans le fond de sa vallée, et à quelques dérivations latérales que l'on a continué à entretenir.

Dans l'état actuel de notre agriculture méridionale, arroser une bonne terre à blé, c'est doubler son revenu ; arroser une terre de qualité inférieure, sablonneuse, sèche, sans produit, c'est l'égaler presque à la bonne terre arrosée. Tous les vœux des agriculteurs ont donc pour objet de se procurer cette eau salutaire qui vient combattre les effets du climat.

L'ont-ils obtenue, aussitôt ils entrent sous les conditions des pays à pluies d'été, mais de ces pays mis à l'abri des caprices des saisons irrégulières.

Leur soleil brûlant devient un bienfait, et sa chaleur même aidant les effets de l'humidité, ils obtiennent des succès inconnus aux pays du Nord. Une ligne de verdure indique de loin, au milieu de la canicule, la direction du canal bienfaisant ; les assolements deviennent possibles et s'établissent avec un développement si complet, que l'on cesse d'accuser le génie des peuples du prétendu retard que l'ensemble de leur agriculture semble annoncer. Les environs de Cavaillon, de Château-Renard, de Salon, d'Avignon, de Lille, d'Orange, doivent leur riche végétation aux dérivations d'eau, et en voyant ce beau spectacle, on ne peut que s'étonner qu'elles ne soient pas devenues plus fréquentes.

DE GASPARIN.

(*Mémoires de la Société d'agriculture de Paris.*)

De Gasparin est mort le 7 décembre 1862; il appartenait à l'Académie des sciences et avait été ministre de l'agriculture; ses ouvrages ont été très-utiles aux progrès de l'agriculture française.

LA RÉCOLTE DU GOËMON [1].

Ce n'est pas sans émotion que l'on assiste à la récolte du goëmon sur les rochers que la mer ne découvre pas complétement, récolte qui est presque l'unique industrie des habitants des îles des Glenans, d'Ouessant, de Molène, etc. Ce spectacle a quelque chose de solennel et d'imposant; il porte l'homme à

[1] Le *goëmon* ou *varech* végète sur les roches que la mer couvre à chaque marée montante ; il est utilisé avec succès dans la fertilisation des terres sur les côtes de l'Océan.

la rêverie, il le conduit à reconnaître combien l'existence agricole est parfois pénible, triste et douloureuse.

Si la récolte du goëmon se faisait toujours par un beau temps, si les populations ne quittaient le rivage que pendant le jour, si le retour des travailleurs avait toujours lieu sur une mer tranquille, leur existence ne serait jamais compromise, et l'homme étranger à la vie agricole n'aurait pas à détourner les yeux du triste tableau que lui offre quelquefois la mer pendant cette opération. Malheureusement, il faut toujours, pour recueillir cet engrais marin, profiter des marées, soit de nuit, soit de jour, pour pouvoir mettre les radeaux à la mer ; il faut s'embarquer sur ces frêles esquifs ou dans des barques légères, et souvent affronter la fureur des vagues pour parvenir aux rochers détachés et situés au milieu de la mer. Mais il ne suffit pas d'avoir pu lancer et les barques et les radeaux : il faut souvent rester des heures entières dans l'eau jusqu'à la ceinture pendant une saison encore rigoureuse ; il faut se tenir sur les rochers de granit que les fucus rendent encore plus glissants, ou sur les parties des roches schisteuses que la mer a rongées et rendues tranchantes ; il faut aussi résister aux flots menaçants qui se brisent de tous côtés avec fracas[1] ; il faut encore disputer à la vague mu-

[1] Les femmes portent souvent leurs jeunes enfants attachés sur leurs épaules, et c'est dans une telle position que l'enfant dort bercé par le bruit des flots et les mouvements de sa mère.

gissante et impétueuse l'engrais dont on a besoin, le réunir en paquets au moyen de cordes et placer ces monceaux sur les radeaux avant que le flux se fasse sentir; il faut, enfin, diriger ces faibles moyens de transport, souvent mal conditionnés, mal chargés, de manière à les éloigner des roches qu'ils doivent traverser, à les empêcher de sombrer ou de se briser, et épargner aux populations qui attendent avec anxiété sur la grève le retour des travailleurs, de disputer aux flots quelques victimes.

Aussi est-ce avec une émotion mêlée de tristesse et de respect qu'on voit parfois, quand la mer est houleuse, lorsque les vagues sont violentes, les populations se rendre à la prière du ministre de Dieu toujours témoin de ces pénibles travaux, s'agenouiller sur le rivage et implorer le secours de la Providence, pour que les barques et surtout les radeaux puissent parvenir à la côte, et ramener tous les hommes et les femmes qui les ont chargés de goëmon. Malheureusement, il ne se passe guère d'année qu'on n'ait à déplorer, sur la côte de la Basse-Bretagne, la mort de quelques travailleurs.

GUSTAVE HEUZÉ.

(*Les Matières fertilisantes.*)

M. Gustave Heuzé est membre de la Société impériale d'agriculture et adjoint à l'inspection générale de l'agriculture. Il a publié divers ouvrages sur l'agriculture qui ont été plusieurs fois réimprimés.

LE CHEVAL.

La plus noble conquête que l'homme ait jamais faite est celle de ce fier et fougueux animal qui partage avec lui les fatigues de la guerre et la gloire des combats : aussi intrépide que son maître, le cheval voit le péril et l'affronte ; il se fait au bruit des armes, il l'aime, il le cherche, et s'anime de la même ardeur ; il partage aussi ses plaisirs à la chasse ; aux tournois, à la course, il brille, il étincelle. Mais, docile autant que courageux, il ne se laisse point emporter à son feu, il sait réprimer ses mouvements, non-seulement il fléchit sous la main de celui qui le guide, mais il semble consulter ses désirs, et, obéissant toujours aux impressions qu'il en reçoit, il se précipite, se modère ou s'arrête, et n'agit que pour y satisfaire : c'est une créature qui renonce à son être pour n'exister que par la volonté d'un autre ; qui sait même la prévenir ; qui, par la promptitude et la précision de ses mouvements, l'exprime et l'exécute ; qui sent autant qu'on le désire, et ne rend qu'autant qu'on veut ; qui, se livrant sans réserve, ne se refuse à rien, sert de toutes ses forces, s'excède, et même meurt pour mieux obéir.

Le cheval est de tous les animaux celui qui, avec une grande taille, a le plus de proportion et d'élégance dans les parties de son corps ; car, en lui comparant les animaux qui sont immédiatement au-dessus et au-dessous, on verra que l'âne est mal fait, que le lion a la tête trop grosse, que le bœuf a les jambes trop minces et trop courtes pour la grosseur de son corps, que le chameau est difforme, et que les plus gros animaux, le rhinocéros et l'éléphant, ne sont, pour ainsi dire, que des masses informés. Le grand allongement des mâchoires est la principale cause de la différence entre la tête des quadrupèdes et celle de l'homme; c'est aussi le caractère le plus ignoble de tous : cependant, quoique les mâchoires du cheval soient fort allongées, il n'a pas comme l'âne un air d'imbécillité, ou de stupidité comme le bœuf : la régularité des proportions de sa tête lui donne, au contraire, un air de légèreté qui est bien soutenu par la beauté de son encolure. Le cheval semble vouloir se mettre au-dessus de son état de quadrupède en élevant sa tête; dans cette noble attitude, il regarde l'homme face à face : ses yeux sont vifs et bien ouverts ; ses oreilles sont bien faites et d'une juste grandeur, sans être courtes comme celles du taureau, ou trop longues comme celles de l'âne; sa crinière accompagne bien sa tête, orne son cou, et lui donne un air de force et de fierté; sa queue traînante et touffue couvre et termine avantageusement l'extrémité de son corps : bien différente de la queue du cerf, de l'éléphant, etc. de la queue nue de l'âne, du chameau, du rhinocéros, etc., la queue du cheval est formée par des crins épais et longs, qui semblent sortir de la croupe, parce que le tronçon dont ils sortent est fort court. Il ne peut relever sa queue comme le lion ; mais elle lui sied mieux, quoique abaissée ; et comme il peut la mouvoir de côté, il s'en sert utilement pour chasser les mouches qui l'incommodent : car, quoique sa peau soit très-ferme, et qu'elle soit garnie partout d'un poil épais et serré, elle est cependant très-sensible.

On juge assez bien du naturel et de l'état actuel de l'animal par le mouvement des oreilles : il doit, lorsqu'il marche, avoir la pointe des oreilles en avant. Un cheval fatigué a les oreilles basses, ceux qui sont colères et malins portent alternativement l'une des oreilles en avant et l'autre en arrière ; tous portent les oreilles du côté où ils entendent quelque bruit ; et, lorsqu'on les frappe sur le dos ou sur la croupe, ils tournent les oreilles en arrière. DE BUFFON.

(*Histoire des animaux.*)

LES SERVICES QUE RENDENT LES OISEAUX.

Plusieurs des oiseaux de notre climat sont les gardiens assidus des troupeaux. Le héron garde-bœuf, usant de son bec comme d'un ciseau, coupe le cuir du bœuf pour en extraire un ver parasite qui suce le sang et la vie de l'animal. Les bergeronnettes, les étourneaux rendent à peu près les mêmes services à nos bestiaux. Les hirondelles détruisent des milliers d'insectes ailés qui ne posent guère, et que nous voyons danser dans les rayons du soleil : cousins, libellules, tipules, mouches, etc. Les engoulevents, les martinets, chasseurs de crépuscule, font disparaître les hannetons, les blattes, les phalènes et une foule de rongeurs qui ne travaillent que de nuit. Le pic chasse les insectes, qui, cachés sous l'écorce des arbres, vivent aux dépens de la séve. Les colibris, les oiseaux mouches, les soui-mangas, dans les pays chauds, épurent le calice des fleurs. Le guêpier, en toute contrée, livre une rude guerre aux guêpes affamées de nos fruits. Le chardonneret, ami des terres incultes et de la graine du chardon, l'empêche d'envahir le sol. Les oiseaux de nos jardins, fauvettes, pinsons, bruants, mésanges, dépouillent nos arbrisseaux et nos grands arbres des pucerons, chenilles, scarabées, etc., dont les ravages seraient incalculables. Beaucoup de ces insectes restent l'hiver à l'état d'œuf ou de larve, attendant la belle saison pour éclore; mais, en cet état, ils sont attentivement recherchés par les merles, les roitelets, les troglodytes. Les premiers retournent les feuilles qui jonchent le sol; les seconds grimpent aux plus hautes branches, ou émouchent le tronc. Dans les prairies humides, on voit les corbeaux et les cigognes piocher la terre pour s'emparer du ver blanc qui, trois années durant avant de devenir hanneton, ronge les racines des plantes de nos prairies.

J. MICHELET.

(*L'Oiseau.*)

M. Michelet a publié de nombreux ouvrages d'une lecture à la fois attrayante et instructive.

PROMENADE AGRICOLE DE M. DULAURIER.

En revenant du moulin qui était situé presque sur la lisière du pays de Fromental et du pays de Varennes, nos jeunes gens traversèrent un champ de seigle qui ressemblait à une vaste prairie.

— Voilà un beau seigle, dit M. Dulaurier en s'arrêtant sur la lisière du champ. Vous remarquerez, mes enfants, continua-t-il quand la petite troupe se fut réunie autour du maître, que ces terrains-ci n'ont pas la même valeur que nos fortes terres calcaires du pays de Fromental. Cependant le seigle y vient à merveille. Il y a deux raisons pour cela : c'est que d'abord le seigle est peu exigeant pour le choix du terrain. Tous les sols pas trop humides lui conviennent. Il pousse aussi facilement sur une mauvaise terre que sur une bonne. Il mûrit de bonne heure et ne craint pas le froid. On cultive du seigle jusque dans les contrées habitées les plus voisines du pôle. Le seigle viendrait à merveille sur les bonnes terres à froment ; mais on se garde bien de l'y cultiver ; on réserve cette céréale sobre et rustique pour les terrains les plus pauvres. C'est la ressource des pays montagneux du centre et de la Bretagne.

« Si ce champ est aussi beau que vous le voyez, c'est aussi que son propriétaire, homme intelligent et soigneux, a bien fumé sa terre. Parce que le seigle est sobre et rustique, ce n'est point une raison pour que le fumier ne soit pas nécessaire afin d'activer sa végétation et d'obtenir des produits meilleurs.

— J'ai entendu, l'autre jour, mon père, dit Grand-Pierre, qui soutenait qu'il fallait autant de labours pour un seigle que pour un froment, quoique ça ne rapporte pas autant.

— Ton père avait raison, répondit M. Dulaurier; le seigle exige les mêmes préparations du sol, pour bien réussir, que le froment; seulement on a remarqué qu'il voulait un terrain mieux ameubli; par conséquent, quelques coups de herse de plus ne feraient pas de mal. VICTOR BORIE.

M. V. Borie a publié des ouvrages agricoles d'un style attrayant et instructif. Ces livres, destinés aux écoles rurales, ont pour titre : *les Jeudis de M. Dulaurier, instituteur; l'Agriculture au coin du feu.*

LA SORTIE DES ESSAIMS

Les essaims sortent d'une ruche principalement depuis neuf heures du matin jusqu'à cinq heures du soir, dans les jours les plus chauds, où le soleil brille de tout son éclat. Il suffit souvent qu'un simple nuage intercepte ses rayons pour les empêcher d'avoir lieu. Une disposition du temps à l'orage accélère, au contraire, toujours leur départ, car l'électricité, on l'a depuis longtemps remarqué, a beaucoup d'action sur ces insectes.

La veille du jour où un essaim doit partir, la

ruche est plus agitée que de coutume; beaucoup d'abeilles en sortent pour y rentrer de suite. On entend le soir, et même pendant toute la nuit, des bourdonnements prolongés. De gros pelotons d'ouvrières, dans lesquels on voit quelques mâles, couchent à l'entrée ou sous la ruche. Le matin, les ouvrières ne vont point au travail, ou n'y vont qu'en petit nombre, et dénotent, par leurs fréquentes sorties et rentrées, qu'elles sont encore plus agitées que la veille. Enfin, un calme remarquable succède au bruit, puis le bruit recommence plus fort que jamais ; les abeilles se pressent à qui sortira les premières pour ne plus rentrer; elles s'envolent accompagnées d'une femelle et de beaucoup de mâles. L'essaim est complet, il se balance dans l'air, il obscurcit le soleil, et se fixe plus ou moins promptement, plus ou moins loin de la ruche qu'il quitte, par des causes qu'il n'est pas toujours facile de deviner.

C'est toujours une opération très-attachante que la sortie d'un essaim naturel pour les personnes accoutumées à réfléchir. Il donne lieu au développement d'une multitude de sensations, à la naissance de quantités d'idées, et à un mouvement qui plaît à tous les hommes. Je ne l'ai jamais vu de sang-froid, et je me suis souvent reproché, en faisant mes essaims artificiels, de me priver du plaisir de les voir sortir naturellement.

Mais combien d'emploi de temps, d'inquiétudes et de pertes réelles, sont la suite de l'essaimement naturel des abeilles! il faut veiller ou payer un homme pour veiller huit heures par jour, pendant au moins un mois entier, sur la sortie des abeilles. Il faut courir après les essaims pour les forcer de s'abattre et de se fixer dans l'enceinte de la propriété, ou à peu de distance. Jamais on ne peut être assuré d'en avoir un, que lorsqu'on le tient. En effet, l'essaim s'élève quelquefois à une hauteur considérable, franchit les murs et les arbres pour s'aller fixer au loin. Il faut le chercher alors presque au hasard, et on ne le trouve pas toujours. Il n'est point de propriétaires de ruches qui n'aient, tous les ans, à regretter quelques essaims perdus; et, certaines années, il s'en perd beaucoup plus que dans d'autres, probablement par l'effet des circonstances atmosphériques.

Bosc.

(*Cours d'agriculture.*)

Bosc est mort en 1828; il était membre de l'Académie des sciences, inspecteur général des pépinières et membre de la Société centrale d'agriculture de France. Il a laissé un grand nombre d'écrits justement estimés.

LE MARAICHER

De toutes les classes d'hommes qui se livrent à la culture de la terre, aucune ne donne plus de preuves d'industrie, d'application au travail et d'une infatigable activité, que celle des maraîchers des environs de Paris. Occupés sans relâche d'alimenter les marchés qui fournissent à la subsistance de l'immense population de la capitale, le maraîcher ne connaît point de repos. Le jour, il se livre aux plus rudes travaux pour entretenir son jardin dans un état continuel de production ; la nuit, lui, sa femme et ses enfants portent au marché le fruit de leur pénible labeur.

Aiguillonné sans cesse par l'espoir d'une meilleure récompense de ses travaux, stimulé d'un autre côté par le besoin, obligé de trouver dans le produit de quelques quartiers de terre un loyer ordinairement considérable, et souvent énorme, la rentrée de ses frais de fumier, de main-d'œuvre, etc., enfin, l'entretien de lui et de sa famille, le maraîcher a dû développer une industrie, qu'une réunion de semblables circonstances pouvait seule faire naître. Aussi peut-on dire que la culture maraîchère est le *nec plus ultra* de l'art du jardinage potager ; et il n'y a aucune comparaison à établir entre le produit d'un demi-hectare de terre cultivé par le maraîcher, et celui d'un terrain bien plus vaste confié aux soins du jardinier d'un particulier.

Cet admirable emploi du terrain, au moyen duquel le maraîcher tirera successivement de la même planche jusqu'à six récoltes chaque année ; la variété établie par chacun dans ces récoltes, suivant la nature et l'exposition de son jardin ; cette prévoyance avec laquelle un plant est toujours prêt à remplacer la récolte de légumes qui vient d'être vendue ; cette industrie par laquelle le maraîcher cultivant la primeur, maîtrise les saisons, et obtient, avec le seul secours du fumier et des châssis, des productions aussi précoces et aussi belles que celles qu'on admire dans les bâches somptueuses et chauffées à grands frais de l'homme opulent; tant de résultats obtenus avec de si petits moyens, par la seule application de l'industrie et du travail opiniâtre, tels sont les traits qui caractérisent particulièrement l'art du maraîcher, et qui recommandent si fortement ces laborieux cultivateurs à l'intérêt de tous les amis de l'agriculture.

De Sylvestre.

(*Mémoires de la Société d'agriculture de Paris.*)

De Sylvestre est mort le 4 août 1851 ; il était membre de l'Académie des sciences et secrétaire perpétuel de la Société centrale d'agriculture de France.

LE ROUISSAGE DU CHANVRE

Le rouissage du chanvre est une opération importante et qui mérite toute l'attention de l'agriculteur. Si l'on a à sa portée des rivières ou au moins de forts ruisseaux, il ne résulte que peu ou point d'inconvénients du rouissage; mais si l'eau est stagnante, cela donne lieu à des émanations méphitiques auxquelles on a attribué plusieurs des maladies qui sévissent sur les gens de la campagne. Mais je trouve que la fétidité est encore plus grande lorsque le chanvre sort de l'eau et sèche que lorsqu'il y est, surtout dans les deux ou trois premiers jours, de sorte qu'il faut l'exposer loin des lieux habités pour en opérer la dessiccation.

La chaleur, comme on le sait, facilite le rouissage ; c'est pour cela que le mâle que l'on tire en août et que l'on met de suite à l'eau n'exige que quatre à cinq jours, tandis que la femelle qu'on y met en septembre y reste huit à dix. Sans doute que la moindre épaisseur de l'écorce dans le premier est pour beaucoup aussi dans cette différence ; mais il est si vrai que la chaleur facilite le rouissage, que j'ai vu le chanvre mis à rouir dans les eaux chaudes minérales de Bourdon-Lancy, n'avoir besoin que d'un séjour de vingt-quatre heures pour y subir de la manière la plus complète cette opération.

V. Mérat.

(*Le Cultivateur.*)

V. Mérat est mort le 15 mars 1851 ; il appartenait à la Société impériale et centrale d'agriculture de France. Il a publié divers ouvrages sur la médecine et la botanique.

LE FANEUR

Vous savez qu'on fait les foins ; je n'avois pas d'ouvriers. J'envoie dans cette prairie, que les poëtes ont célébrée, prendre tous ceux qui travailloient, pour venir nettoyer ici. Vous n'y voyez encore goutte. Et en leur place j'envoie tous mes gens faner. Savez-vous ce que c'est que faner ? il faut que je vous l'explique : faner est la plus jolie chose du monde ; c'est retourner du foin en batifolant dans une prairie. Dès qu'on en sait tant, on sait faner. Tous mes gens y allèrent gaiement. Le seul Picard me vint dire qu'il n'iroit pas, qu'il n'étoit pas entré à mon service pour cela; que ce n'étoit pas son métier, et qu'il aimoit mieux s'en aller à Paris. Ma foi, la colère me monte à la tête, je songeoi que c'était la centième sottise qu'il m'avoit faite ; qu'il n'avoit ni cœur ni affection ; en un mot, la mesure étoit comble. Je l'ai pris au mot; et quoi qu'on m'ait pu dire pour lui, je suis demeurée ferme comme un rocher, et il est parti. C'est une justice de traiter les gens selon leurs bons ou mauvais services. Si vous le revoyez, ne le recevez point, ne le protégez point, ne le blâmez point; et songez que c'est le garçon du monde qui aime le moins à faner, et qui est le plus indigne qu'on le traite bien.

Mme de Sévigné.

(*Lettres choisies.*)

LE PROPRIÉTAIRE AGRICULTEUR

Il est fort utile à un propriétaire qui réside à la campagne de cultiver lui-même quelque temps : non-seulement c'est une occupation très-favorable à la santé, il y trouve l'avantage de s'approvisionner lui-même de plusieurs denrées nécessaires à la consommation de sa maison.

Peut-être pourrait-il acheter ces objets sur le marché avec aussi peu de dépenses; peut-être aussi serait-il plus profitable au propriétaire de louer des terres à un taux raisonnable que de les cultiver lui-même ; mais la culture de la terre est une source de jouissances pures, et tout propriétaire qui habite la campagne doit désirer d'avoir une portion de ces terres, où tout soit bien à lui, où lui et sa famille puissent jouir de la promenade et prendre de l'exercice.

JOHN SAINCLAIR.

(*L'Agriculture raisonnée.*)

John Sainclair a publié en Angleterre divers ouvrages d'agriculture qui sont encore très-estimés. Le plus important a été traduit par Mathieu de Dombasle.

LES VENDANGES

On doit, autant que possible, attendre la succession de quelques beaux jours pour commencer les vendanges, et se munir suffisamment d'ouvriers pour remplir la cuve dans la journée. Il vaut mieux, dans l'embarras de fixer le nombre, avoir une ou deux vendangeuses de trop, que de s'exposer à recommencer le lendemain.

Dans tous les pays où on est soigneux de la qualité du vin, en Bourgogne, dans le Médoc, en Champagne et même dans notre humble Touraine, on cueille seulement les raisins les plus sains, laissant sur le cep ce qui n'est pas exactement mûr et mettant à part, pour les boissons de domestiques, toutes les grappes gâtées. Aussi la première cuvée provenant de ce tirage est-elle toujous la meilleure.

Les vignerons propriétaires ont rarement cette attention; c'est donc avec raison que l'infériorité de son vin entraîne celle du prix qu'il en retire.

ODART.

(*Manuel du vigneron.*)

M. Odart est mort en 1864; il a réuni à la Dorode, près Tours, la collection la plus complète des cépages d'Europe.

LE PETIT CULTIVATEUR

Rien ne semble devoir être plus heureux que l'état du petit propriétaire possesseur d'un champ dont le produit dépasse un peu ses besoins; tranquille sur le présent, pouvant, par son économie et son travail, préparer l'avenir de ses enfants: d'autant plus laborieux que son travail est libre, qu'il se recommande à lui-même, et que tous ses produits lui appartiendront. Il faut le voir à l'œuvre. Avec quelle ardeur il attaque le terrain; comme il y oublie les heures; comme sa culture est parfaite, en la comparant à celle des fermiers et métayers voisins!

On ne peut passer auprès de ces petites fermes, si propres, si bien entretenues, pleines d'habitants forts, bien nourris, bien vêtus, dont les champs sont en si bon état de culture, sans penser qu'ils sont le siége du vrai bonheur.

DE GASPARIN.

(*Cours d'agriculture.*)

LE MULET

Le mulet est particulièrement propre à tous les travaux agricoles. Il vit plus longtemps, il est beaucoup plus sobre que le cheval, il est plus robuste, il peut supporter les plus grandes fatigues ; les seuls inconvénients qu'on puisse lui reprocher sont : 1° d'avoir le pied un peu étroit, par conséquent d'enfoncer davantage dans les terrains labourés ; 2° d'avoir des dispositions à devenir vicux s'il est maltraité par les gens qui le soignent. Malgré ces inconvénients, le mulet aura toujours de grands avantages pour les travaux rustiques, et il méritera la préférence sur tous les animaux de trait dans les exploitations chargées de beaucoup de chariots, pour de longues distancees ou sur de mauvaises routes.

CRUD.

(*Économie de l'agriculture.*)

Crud est mort à Genève, en 1841. Il a traduit en français l'ouvrage de Thaër, le célèbre fondateur de l'école d'agriculture de Moëglin.

LA COMPTABILITÉ AGRICOLE

La chose qui me semble la plus essentielle pour qu'un propriétaire puisse aspirer à faire de l'agriculture avec profit, celle à laquelle je tiens le plus, et que je place infiniment au-dessus du savoir, souvent trompeur, qu'on peut acquérir dans les livres, les écoles, et même par l'observation la plus savante, c'est incontestablement, à mon gré, la comptabilité.

A un cultivateur qui se ruine, je dirais : « Si vous voulez cesser de perdre de l'argent, comptez ; si vous voulez être sûr d'en gagner, comptez bien... et si vous voulez en gagner beaucoup, comptez très-bien ! » De même, au gouvernement, quand il cherche à propager l'enseignement de l'agriculture, je dirais encore : « Propagez l'enseignement et le goût de la comptabilité, vous créerez le principe de l'instruction agricole le plus certain et le plus fécond, en même temps qu'un principe d'ordre et d'immense richesse nationale. »

Cependant, on voit tous les jours des agriculteurs qui n'ont jamais compté, d'autres même qui proscrivent la comptabilité des exploitations rurales, comme une complication inutile, et c'est avec peine que j'ai pu décider le Conseil général de mon département à introduire cet enseignement dans le programme de l'école normale; un grand nombre de mes collègues, de l'esprit le plus éclairé d'ailleurs, mettaient en doute la nécessité de cet enseignement.

Il est cependant incontestable que si les instituteurs communaux étaient rendus capables, comme l'avait déjà proposé mon ancien voisin, M. Royer, de tenir les livres des principaux cultivateurs de leur commune, on aurait résolu, sans nouvelle dépense pour l'État, un problème d'une immense portée.

De Béhague.

(*Moniteur de la propriété*.)

M. de Béhague est membre de la Société impériale et centrale d'agriculture de France et lauréat de la prime d'honneur du Loiret.

LE MURIER ET LA SOIE

La culture du mûrier et la production de la soie ne se sont pas réparties sur la superficie méridionale de la France en raison du climat, mais d'après des considérations locales et personnelles.

Ainsi le département du Var a préféré avec raison l'olivier au mûrier; aussi la production de la soie y est-elle fort restreinte. Celui des Bouches-du-Rhône en récolte un peu plus; mais les grandes plaines du delta que forment les bouches du Rhône, sont entièrement dépourvues de mûriers, non que la localité ne leur soit éminemment favorable, mais parce que les bras manquent à la manipulation de la soie, et il ne s'en fait guère que dans l'arrondissement de Tarascon.

Le département du Gard produit plus de soie parce que, excepté le littoral, le surplus du département s'est trouvé dans des conditions favorables pour être implanté de mûriers. L'Hérault produit trop de vin pour que la soie y soit un objet de première importance.

Cette importance diminue en s'avançant à l'ouest:

elle devient à peu près nulle dans le riche bassin de la Garonne, et se perd dans l'heureux climat des pays qui forment le littoral de l'Océan, sans qu'on puisse en assigner d'autres raisons, sinon que cet usage n'y a pas prévalu, quoique tout y fût de nature à favoriser la végétation du mûrier.

LULLIN DE CHATEAUVIEUX.

(*Voyages agronomiques.*)

Lullin de Châteauvieux est mort le 17 septembre 1842. Il a publié divers ouvrages. On lit encore ses *Lettres sur l'Italie*. Ses *Voyages agronomiques en France* ont esquissé fidèlement l'état de l'agriculture française en 1841.

LES ALLUVIONS

Les eaux qui tombent sur les crêtes et les sommets des montagnes, ou les vapeurs qui s'y condensent, ou les neiges qui s'y liquéfient, descendent par une infinité de filets le long de leurs pentes; elles en enlèvent quelques parcelles, et y marquent leur passage par des sillons légers. Bientôt ces filets se réunissent dans des creux plus marqués, dont la surface des montagnes est labourée; ils s'écoulent par les vallées profondes qui en entament le pied, et vont former ainsi les rivières et les fleuves, qui reportent à la mer les eaux que la mer avait données à l'atmosphère. A la fonte des neiges, ou lorsqu'il survient un orage, le volume de ces eaux des montagnes, subitement augmenté, se précipite avec une vitesse proportionnée aux pentes; elles vont heurter avec violence le pied de ces groupes de débris qui couvrent les flancs de toutes les hautes vallées; elles entraînent avec elles les fragments déjà arrondis qui les composent; elles les émoussent, les polissent encore par le frottement; mais à mesure qu'elles arrivent à des vallées plus unies, où leur chute diminue, ou dans des bassins plus larges où il leur est permis de s'épandre, elles jettent sur la plage les plus grosses de ces pierres qu'elles roulaient; les débris plus petits sont déposés plus bas, et il n'arrive guère au grand canal de la rivière que les parcelles les plus menues ou le limon le plus imperceptible. Souvent même le cours de ces eaux, avant de former le grand fleuve inférieur, est obligé de traverser un lac vaste et profond, où leur limon se dépose, et d'où elles ressortent limpides. Mais les fleuves inférieurs et tous les ruisseaux qui naissent des montagnes plus basses ou des collines, produisent aussi, dans les terrains qu'ils parcourent, des effets plus ou moins analogues à ceux des torrents des hautes montagnes. Lorsqu'ils sont gonflés par de grandes pluies, ils attaquent le pied des collines terreuses ou sableuses qu'ils rencontrent dans leur cours, et en portent les débris sur les terrains bas qu'ils inondent et que chaque inondation élève d'une quantité quelconque; enfin lorsque les fleuves arrivent aux grands lacs ou à la mer, et que cette rapidité qui entraîne les parcelles de limon vient à cesser tout à fait, ces parcelles se déposent aux côtés de l'embouchure; elles finissent par y former des terrains qui prolongent la côte, et si cette côte est telle que la mer y jette de son côté du sable et contribue à cet accroissement, il se crée ainsi des provinces, des royaumes entiers, ordinairement les plus fertiles, et bientôt les plus riches du monde, si les gouvernements laissent l'industrie s'y exercer en paix.

G. Cuvier.

(*Les Révolutions du globe.*)

G. Cuvier est mort le 13 mai 1832. Ce célèbre naturaliste était secrétaire perpétuel de l'Académie des sciences. Ses ouvrages ont été traduits dans toutes les langues.

LA VIGNE

A l'état sauvage, abandonnée à ses allures naturelles, la vigne est une plante extrêmement rustique. Loin de ramper à la surface du sol, comme dans nos vignobles lorsqu'elle n'est pas soutenue par des tuteurs artificiels, elle grimpe et s'élance sur les arbres placés à sa proximité ; elle jette ses nombreux sarments, semblables à des bras naissants, à travers leurs branches ; elle les enveloppe et les enlace de toutes parts, au point de couronner leur cime et de les étouffer souvent sous un dôme de feuillage. Les produits sont d'autant plus abondants, qu'elle végète vigoureusement, sans contrainte, à l'air libre, sous un climat chaud. Au delà du 50ᵉ degré de latitude, la culture de la vigne cesse d'être profitable. Le véritable climat de la vigne est celui où elle fructifie en plaine et sans abri.

Mais, si une chaleur insuffisante empêche la vigne de fructifier, une température trop élevée ne s'oppose pas moins à sa réussite. Sous l'équateur, la végétation de la vigne est incessante : pendant une partie de l'année, c'est une succession non interrompue de feuilles, de fleurs et de fruits à divers degrés de maturité ; le même cep présente à la fois tous les phénomènes de la végétation. Aussi cette inégalité dans la fructification empêche-t-elle d'en obtenir un résultat utile. C'est entre le 35e et le 50e degré de latitude que la culture de la vigne présente le plus d'avantages ; les grands vignobles, ceux qui produisent les meilleurs vins, ne dépassent pas ces bornes climatériques. La Providence, en plaçant la France entre ces deux limites extrêmes, en a fait une terre toute spéciale pour la vigne ; elle a mis entre ses mains le sceptre des grands vins.

On est loin d'être d'accord sur la meilleure exposition à assigner à la vigne. Sans nul doute celle du midi donne la plus grande chaleur totale ; mais, si la contrée est sujette aux gelées blanches, cette exposition devient très-dangereuse : comme le soleil la frappe dès son lever au printemps, les dégels s'y opèrent brusquement et occasionnent de graves désordres dans la contexture du végétal. A part cette considération, l'exposition du midi semble la meilleure pour la vigne. L'exposition de l'est présente à peu près les mêmes avantages et les mêmes inconvénients que celle du midi relativement aux gelées blanches ; elle a, sur l'exposition de l'ouest, l'avantage de mieux répartir la chaleur entre les différentes heures du jour. Le couchant, en revanche, préserve mieux la vigne des gelées blanches du printemps, parce que le dégel, au lieu d'y être subit, s'y fait à l'ombre, par degrés. Le nord est regardé comme une mauvaise exposition pour la vigne. Cette proscription, cependant, n'est pas absolue : le meilleur cru des Arsures, dans le Jura, est au nord ; d'excellents vignobles de la montagne de Reims sont aussi tournés vers cette exposition ; c'est également l'orientation de plusieurs crus fameux du Médoc. Néanmoins, par rapport à la majorité de nos vignobles, ce ne sont là que des exceptions. En France, les expositions du sud, du sud-est et du sud-ouest, passent généralement pour les meilleures : les vignes d'Aï, d'Épernay, en Champagne ; tous les grands crus de la Côte-d'Or ; Condrieux, Côte-Rôtie, l'Ermitage, Frontignan, Rivesaltes, Banyuls, Collioures, un grand nombre de vignobles du Bordelais, etc., sont plantés à cette exposition.

V. Rendu

(*Moniteur vinicole.*)

LA GÉOGRAPHIE AGRICOLE

L'aspect de la végétation est tout à fait différent suivant les climats. Dans le nord, ce sont de vastes prairies ; l'homme de ces régions, essentiellement carnivore, a besoin de beaucoup de chair pour sa nourriture, et la nature a pourvu à cette nécessité en créant des végétaux tendres, faciles à brouter, propres à élever de nombreux troupeaux. Elle a pourvu les arbres du nord d'un feuillage fin, élégant, comme on le voit pour les pins et les sapins, pour que les vents violents de ces âpres régions ne les arrachassent pas. En avançant vers le midi les prairies diminuent, et des plantes plus sèches, plus aromatiques les remplacent ; le mouton, la chèvre paissent encore au lieu du bœuf et de la vache ; l'homme est ici plus frugivore, et beaucoup plus sobre d'aliments substantiels : enfin, entre les tropiques ce sont des végétaux arborescents à feuilles vastes, propres à garantir l'homme des rayons d'un soleil destructeur ; des palmiers élancés, des arbres résineux, à tissu dur, à fibres atramentaires, s'y rencontrent, que la dent des animaux ne peut que difficilement entamer : plus de ces tapis de verdure qui charment l'Européen : plus de ces fleurs des champs, amour de nos campagnes, de ces humbles violettes, délices de nos bosquets. Les fleurs sont ici sur de hautes tiges, hors de l'atteinte de la main de l'homme. Aussi les animaux ou troupeaux domestiques y sont-ils inconnus, il n'y a plus que ceux qui vivent sous les lois de la nature qui puissent s'y rencontrer, et la nourriture des habitants est encore plus végétale que dans les régions tempérées du midi. On voit que la géographie végétale nous montre la modification de l'espèce humaine en ce sens que les plantes lui fournissent une nourriture différente suivant les climats, lui impriment des habitudes et même jusqu'à un certain point des mœurs différentes.

V. MÉRAT.

(*Annales de la Société d'horticulture.*)

LE DÉFRICHEMENT DES TERRES INCULTES

Partout où les prairies artificielles se sont propagées et où, par conséquent, la masse du fumier s'est accrue, la terre a subitement acquis une valeur jusque-là inconnue ; les jachères de longue durée ont peu à peu disparu sous la fécondante influence de nouveaux agents de travail et de nouveaux engrais. Tels sont, en effet, les deux éléments de succès de tout défrichement.

Lorsque le défrichement a pour but d'ajouter à l'étendue des terres arables d'une exploitation déjà existante, il importe que ce ne soit jamais sans une augmentation proportionnelle dans le capital et le personnel de la ferme ; car on ne doit pas perdre de vue qu'avec de moindres frais de main-d'œuvre on peut cependant obtenir plus de produits d'une moyenne que d'une grande propriété, lorsqu'on est assez fort pour bien cultiver la première et qu'on se voit forcé de négliger la seconde.

Il ne faut pas croire que toutes les terres incultes qui déshonorent encore la surface du sol français puissent être converties instantanément en terres arables ; par suite de leur position, de leur inclination ou de leur propre nature, beaucoup se prêteraient mal aux labours ; mais dans ce cas même, presque toujours il est possible de leur donner un haut degré d'utilité par des semis ou des plantations de végétaux ligneux.

Les arbres résineux, et notamment les pins, ont acquis, depuis un certain nombre d'année, une importance toute nouvelle dans beaucoup de localités ; non-seulement les sables inféconds d'une partie de la Sarthe ; les dunes mouvantes des rives de l'Océan ; quelques-unes des landes de la Bretagne ; celles qui apparaissent çà et là comme autant de taches au milieu des riches bocages et des champs féconds de la Normandie ; celles qui composent en grande partie la triste Sologne et jusqu'aux craies de la Champagne pouilleuse, si rebelles à toutes sortes d'améliorations, voient enfin, de proche en proche, succéder à ses bruyères de verdoyants semis de pins ou des plantations de jeunes porte-graines, dont l'ombrage protecteur, chèrement acquis, est la première garantie d'un boisement complet.

Ainsi, nous pouvons prévoir et hâter le moment où des travaux plus vastes que dispendieux achèveront de faire succéder les arbres aux stériles productions des friches les moins fécondes, et, soit qu'on envisage les forêts sous le point de vue de la météorologie et de l'alimentation des sources, soit qu'on examine les produits du bois dans les rapports avec les autres cultures économiques et les besoins divers de la population, nous verrons qu'une telle question qui s'agrandit encore en se rattachant à celle de la transformation imminente des biens communaux, mérite la plus sérieuse attention.

LECLERC-THOUIN.

(*Leçons faites au Conservatoire des arts et métiers en* 1836.)

Leclerc-Thouin est mort le 5 janvier 1845. Il était professeur au Conservatoire des arts et métiers et secrétaire perpétuel de la Société impériale et centrale de France.

LES BERGERS DU JURA

Le 1er juin est le signal du départ des bergers dans les montagnes du Jura. Ils se rendent dans les pâturages les plus élevés ; leur troupeau se compose ordinairement de 150 à 200 vaches. Pour 20 vaches, il y a un berger ; pour 80, il y a en outre un faiseur de fromages et un aide-cuisinier. Les bergers habitent des chalets qui renferment une cuisine, une chambre pour le lait et le fromage, et une étable, qui est la chambre à coucher des bergers. Deux fois par jour, à heure fixe, chaque vache se dirige vers l'étable, et va se faire traire. Jamais les animaux ne se trompent. Le lait ainsi obtenu est livré au faiseur de fromage. Les jours et les semaines se passent dans la plus complète uniformité.

Quand le berger a fini de traire ses vaches, il s'assied sur le penchant de la montagne et observe la nature. Puisse-t-il souvent remonter jusqu'à son créateur pour l'adorer dans ses œuvres! Au bout de quelque temps, il sait distinguer les approches de l'orage, la direction des vents, les propriétés des sources minérales et les propriétés des plantes. La nuit, il contemple les étoiles. Il n'a presque aucun danger à craindre. Les ours ont été détruits dans les montagnes du Jura, et les loups ne se montrent que rarement. Aussitôt que l'un de ces animaux approche, le berger qui fait sentinelle donne l'alarme; ses compagnons accourent, les troupeaux se rassemblent, présentent les cornes, les chiens aboient, et il est rare que devant cette manifestation l'animal ne se retire pas sans combattre.

Les troupeaux séjournent quatre mois dans les pâturages; enfin les jours deviennent plus courts, les nuits se refroidissent, les bergers commencent à sentir la privation de la vie de famille. Au 9 octobre, ils rentrent au village. Les animaux semblent partager l'impatience de leurs gardiens et comprendre les préparatifs du départ; ils s'organisent en troupes et se rangent à la suite des vaches conductrices, sur lesquelles les bergers étendent leurs habits; les paniers, les écuelles, les escabeaux sont placés sur le dos des ânes, et l'on se met en route. C'est une joyeuse animation sur tout le chemin. Les vaches marchent à pas mesurés; le son des clochettes, le beuglement des vaches, l'aboiement des chiens, les chants annoncent de loin le cortége. Les femmes et les enfants accourent au-devant d'eux. Les maisons sont ornées de feuillage comme pour une fète; les tables sont couvertes de viandes, de gâteaux et de vin, et dans l'étable, il y a une litière de paille fraîche.

C'est une chose remarquable que de voir l'espèce de sympathie qui existe entre ces animaux domestiques et l'homme; ils participent en quelque sorte à sa joie, et les vaches conductrices se prélassent orgueilleusement comme si elles étaient les héroïnes de la fète et que tous les regards fussent concentrés sur elles. Il faut voir de quel air elles font résonner la cloche, signe de leur distinction.

LEQUINIO.

(*Voyage dans le département du Jura.*)

LA NUIT ET LES OISEAUX

Avant que les teintes vermeilles de la rosée matinale aient annoncé l'approche du soleil, souvent même avant que la plus légère lueur ait signalé l'aube à l'orient, alors que les étoiles scintillent encore dans le sombre azur du ciel, un bruit snord retentit sur le faîte d'un vieux sapin, bientôt suivi d'un caquetage de plus en plus accentué, puis les notes s'élèvent et une interminable série de sons aigus frappe l'air de toutes parts comme un cliquetis de lames continuellement heurtées l'une contre l'autre. C'est le temps de l'accouplement du coq des bois. L'œil en feu, il danse et sautille sur sa branche, tandis qu'au-dessous de lui, dans le taillis, ses poules reposent tranquillement et contemplent avec respect les folles gambades de leur seigneur et maître. Il n'est pas longtemps seul à animer la forêt. Le merle s'élève à son tour, secouant la rosée de ses plumes brillantes. Le voilà qui aiguise son bec sur la branche, et, de rameau en rameau, sautille jusqu'au sommet de l'érable où il a dormi, étonné de voir que presque tout sommeille encore dans la forêt quand l'aube du jour a remplacé la nuit. Deux fois, trois fois, il lance sa fanfare aux échos de la montagne et de la vallée, qu'un épais brouillard lui dérobe encore.

De minces colonnes de fumée blanchâtre s'échappent du toit des chaumières; les chiens jappent autour des fermes, et les clochettes sonnent au cou des vaches. Les oiseaux quittent alors leurs buissons, agitent leurs ailes et s'élancent dans les airs pour saluer le soleil, qui vient une fois de plus leur donner sa bienfaisante lumière. Plus d'un pauvre petit moineau se réjouit d'avoir échappé aux dangers de la nuit. Perché sur une petite branche, il avait cru pouvoir dormir sans crainte, la tête ensevelie sous ses plumes, quand à la lueur d'une étoile, il a vu dans les arbres se glisser la chouette silencieuse, méditant quelque forfait. La fouine était venue du fond de la vallée, l'hermine était descendue du rocher, la martre des sapins avait quitté son nid, le renard rôdait dans les broussailles. Tous ces ennemis, le pauvre petit les avait vus pendant cette nuit terrible. Sur son arbre, à terre, dans l'air, partout la destruction le menaçait. Qu'elles avaient été longues, ces heures où, n'osant bouger, il n'avait pour protection que les jeunes feuilles qui le cachaient ! Aussi maintenant, quel plaisir pour lui de s'élancer à tire-d'aile, de vivre en sécurité, protégé, défendu par la lumière ! TSCHUDI.

(*L'Histoire naturelle.*)

LA TERRE

C'est du sein inépuisable de la terre que sort tout ce qu'il y a de plus précieux. Cette masse informe, vile et grossière, prend toutes les formes les plus diverses, et elle seule devient tour à tour tous les biens que nous lui demandons. Cette boue si sale se transforme en mille beaux objets qui charment les yeux : en une seule année elle devient branches, boutons, feuilles, fleurs, fruits et semences, pour renouveler ses libéralités en faveur des hommes. Rien ne l'épuise : plus on déchire ses entrailles, plus elle est libérale. Après tant de siècles, pendant lesquels tout est sorti d'elle, elle n'est point encore usée : elle ne ressent aucune vieillesse;

ses entrailles sont encore pleines des mêmes trésors. Mille générations ont passé dans son sein : tout vieillit, excepté elle seule, elle se rajeunit chaque année au printemps. Elle ne manque jamais aux hommes ; mais les hommes insensés se manquent à eux-mêmes, en négligeant de la cultiver ; c'est par leur paresse et par leurs désordres qu'ils laissent croître les ronces et les épines en la place des vendanges et des moissons ; ils se disputent un bien qu'ils laissent perdre. Les conquérants laissent en friche la terre pour la possession de laquelle ils ont fait périr tant de milliers d'hommes et ont passé leur vie dans une si terrible agitation. Les hommes ont devant eux des terres immenses qui sont vides et incultes ; et ils renversent le genre humain pour un coin de cette terre si négligée.

La terre, si elle était bien cultivée, nourrirait cent fois plus d'hommes qu'elle n'en nourrit. L'inégalité même des terrains, qui paraît d'abord un défaut, se tourne en ornement et en utilité. Les montagnes se sont élevées et les vallons sont descendus en la place que le Seigneur leur a marquée. Ces diverses terres, suivant les divers aspects du soleil, ont leurs avantages. Dans ces profondes vallées, on voit croître l'herbe fraiche pour nourrir les troupeaux ; auprès d'elles s'ouvrent de vastes campagnes, revêtues de riches moissons. Ici des coteaux s'élèvent comme en amphithéâtre, et sont couronnés de vignobles et d'arbres fruitiers : là de hautes montagnes vont porter leur front glacé jusque dans les nues, et les torrents qui en tombent sont les sources des rivières. Ces rochers, qui montrent leur cime escarpée, soutiennent la terre des montagnes, comme les os du corps humain en soutiennent les chairs. Cette variété fait le charme des paysages, et en même temps elle satisfait aux divers besoins des peuples.

Il n'y a point de terrain si ingrat qui n'ait quelque propriété. Ces marais desséchés deviennent fertiles; les sables ne couvrent d'ordinaire que la surface de la terre; et quand le laboureur a la patience d'enfoncer, il trouve un terrain neuf, qui se fertilise à mesure qu'on le remue et qu'on l'expose aux rayons du soleil. Au milieu des pierres et des rochers, on trouve d'excellents pâturages; il y a, dans leurs cavités, des veines que les rayons du soleil pénètrent, et qui fournissent aux plantes, pour nourrir les troupeaux, des sucs très-savoureux. Les côtes mêmes qui paraissent les plus stériles et les plus sauvages offrent souvent des fruits délicieux, ou des remèdes très-salutaires, qui manquent dans les plus fertiles pays.

D'ailleurs, c'est par un effet de la providence divine que nulle terre ne porte tout ce qui sert à la vie humaine; car le besoin invite les hommes au commerce pour se donner mutuellement ce qui leur manque, et ce besoin est le lien naturel de la société entre les nations. Autrement tous les peuples du monde seraient réduits à une seule sorte d'habits et d'aliments, rien ne les inviterait à se connaître et à s'entrevoir.

Tout ce que la terre produit, se corrompant, rentre dans son sein, et devient le germe d'une nouvelle fécondité. Ainsi elle reprend tout ce qu'elle a donné, pour le rendre encore. Ainsi, plus elle donne, plus elle reprend; et elle ne s'épuise jamais, pourvu qu'on sache, dans la culture, lui rendre ce qu'elle a donné. Confiez à la terre des grains de blé : en se pourrissant ils germent, et cette mère féconde vous rend avec usure plus d'épis qu'elle n'a reçu de grains. Creusez dans ses entrailles : vous y trouverez la pierre et le marbre pour les plus superbes édifices. Mais qui est-ce qui a renfermé tant de trésors dans son sein, à condition qu'ils se reproduisent sans cesse?

Voyez tant de métaux précieux et utiles, tant de minéraux destinés à la commodité de l'homme, admirez les plantes qui naissent de la terre : elles fournissent des aliments aux sains et des remèdes aux malades. Leurs espèces et leurs vertus sont innombrables : elles ornent la terre; elles donnent la verdure, des fleurs odoriférantes et des fruits délicieux. Voyez-vous ces vastes forêts qui paraissent aussi anciennes que le monde? Ces arbres s'enfoncent dans la terre par leurs racines, comme leurs branches s'élèvent vers le ciel; leurs racines les défendent contre les vents, et vont chercher, comme par de petits tuyaux souterrains, tous les sucs destinés à la nourriture de leur tige; la tige elle-même se revêt d'une dure écorce, qui met le bois tendre à l'abri des injures de l'air; les branches distribuent en divers canaux la séve que les racines avaient réunie dans le tronc. En été, ces rameaux nous protégent de leur ombre contre les rayons du soleil; en hiver, ils nourrissent la flamme qui conserve en nous la chaleur naturelle. Leur bois n'est pas seulement utile pour le feu : c'est une matière douce, quoique solide et durable, à laquelle la main de l'homme donne sans peine toutes les formes qu'il lui plaît, pour les plus grands ouvrages de l'architecture et de la navigation. De plus, les arbres et les plantes, en laissant tomber leurs fruits ou leurs graines, se préparent autour d'eux une nombreuse prospérité.

FÉNELON.

(*Traité de l'existence de Dieu.*)

Fénelon, illustre prélat français, est mort à Cambrai le 7 janvier 1715. C'est à lui qu'on doit le beau livre ayant pour titre : *Télémaque*.

LA BRUTALITÉ ENVERS LES ANIMAUX

La brutalité est un très-mauvais moyen de gouverner les animaux; c'est elle qui rend quelques-unes de nos races si chétives, si faibles, malgré les quantités de nourriture qu'elles consomment. Quel est le propriétaire qui n'a pas remarqué dans ses étables des bêtes maigres, quoique mangeant autant et ne travaillant pas plus que les autres? Celles qui sont conduites par des valets méchants, irascibles, peu intelligents, qui sans motifs tourmentent leur attelage, sont toujours en mauvais état, souvent boiteuses et malades; elles sont molles, ne travaillent que par secousses et quand elles sont battues; elles font alors des effort instantanés, se jettent à droite, à gauche, glissent, tombent, contractent des distensions de ligaments, des contusions, des fractures, des anévrismes.

Continuellement tourmentés, les animaux conduits avec cruauté digèrent mal, ont souvent des indigestions, sont maigres, ont le poil terne, la peau adhérente. Soit que la constitution en ait été altérée, soit qu'ils craignent l'homme, ils ne profitent ni de la nourriture qu'il consomment, ni des soins qu'on leur donne. Tous les engraisseurs savent que les bœufs qui aiment le bouvier, qui le recherchent, qui reçoivent ses soins, ses caresses avec plaisir, sont infiniment plus faciles à engraisser que ceux à moitié sauvages qui ne voient approcher l'homme qui les soigne qu'avec méfiance. Il n'est pas rare de voir des actes de brutalité occasionner sur les animaux des accidents immédiats. Les bergers, les cochers, etc., produisent beaucoup de boiteries, d'avortements, de plaies, de fractures, etc., dont les causes restent inconnues du propriétaire des animaux. Dans les bêtes de boucherie la cruauté a peut-être encore des suites plus funestes pour nous : car un coup qui n'aurait eu aucune conséquence apparente chez un animal qu'on aurait laissé vivre, en déprécie la viande si on le tue peu après qu'il a été frappé. Le sang est attiré sur la partie blessée, il s'y forme une fluxion, la chair devient noirâtre, imprégnée de fluides souvent altérés; elle a un mauvais goût et se conserve peu de temps. Si les animaux sont très-gras, un coup peut déterminer la gangrène, un charbon consécutif, et rendre la viande insalubre. Dans tous les cas, la chair d'un animal qui a été battu se corrompt promptement. Les bouchers, surtout les charcutiers, ont bien fait ces remarques, et l'on ne voit jamais ceux qui sont intelligents et intéressés battre les animaux qui leur appartiennent.

MAGNE.

(*Annales de l'école vétérinaire de Lyon*).

M. Magne est directeur de l'École impériale vétérinaire d'Alfort, membre de l'Académie impériale de médecine et membre de la Société impériale et centrale d'agriculture de France.

LES FORÊTS RÉSINEUSES

Quand on voyage à travers les grandes forêts de pins, on y éprouve au plus haut degré cette sorte de vague terreur qui fit jadis consacrer à la divinité les mystérieuses profondeurs des bois.

Tout y est solennel et triste : et la cime altière dont la couronne se dirige vers le ciel loin de la portée des hommes, et la sombre verdure d'un feuillage éternel qui revêt en naissant la teinte des derniers jours. La vie en montant, pour s'épanouir au sommet, abandonne sur son passage les branches qu'elle a fait pousser, et qui pourrissent sur l'arbre en présentant le tableau de la décrépitude à côté du tableau de la végétation. Nulle part le vent ne se fait entendre avec un ton plus grave ; on ne sent pas autour de soi le souffle de l'air ; les feuilles, roides, dures et aiguillées de la forêt sont à peine agitées ; et cependant un murmure incessant gronde au sein du calme avec la sourde voix de la tempête et de l'ouragan. Ce n'est point le vent de la terre, c'est celui des régions aériennes dont le silence solennel semble un instant troublé par les échos d'une mer courroucée contre un rivage lointain. Nulle part l'impression de l'isolement n'est aussi profonde, parce que nulle part la monotonie du paysage n'est aussi grande.

Après des journées entières de marche, le bivouac du soir est semblable au bivouac du matin ; là, point de ces allées fuyantes, point de ces échappées de vues, de ces accidents de clairières, de ces massifs de verdure, de ces formes pittoresques qui animent le paysage et dissimulent la longueur de la route, en jetant à l'âme mille impressions différentes : ce sont des pins de même forme, tous parfaitement droits et élancés, tous pareils, tous à égale distance ; après ceux-ci, en voilà d'autres, et d'autres encore qui se découvrent au loin semblables à ceux que l'on a laissés derrière. Les feuilles tombées ne bruissent pas sous les pieds, et le sable que foule le voyageur ne lui renvoie point le bruit de ses pas ni n'en garde la trace.

Malgré cette tristesse, cette monotonie et cette solitude, il n'y a cependant pas de forêts qui soient plus habitées que nos immenses forêts du sud-ouest de la France. Une population nombreuse s'y succède de père en fils depuis des milliers d'années pour soigner la culture des arbres, et pour en extraire les produits résineux qui forment le revenu annuel du pays.

E. CAZEAUX.

(*La Teste de Buch.*)

M. E. Cazeaux est ancien élève de l'École polytechnique et ancien ingénieur hydrographe.

LES ORAGES DANS LES ALPES

Le ciel des Alpes, de Gap, de Digne, d'Embrun, etc., qui se maintient, durant des mois entiers, pur du moindre nuage, engendre des sécheresses dont la longue durée n'est interrompue que par des orages pareils à ceux des tropiques.

Le sol dépouillé d'herbes et d'arbres par l'abus du parcage et par le déboisement, porphyrisé par un soleil brûlant, sans cohésion, sans point d'appui, se précipite alors dans le fond des vallées, tantôt sous forme de lave noire, jaune ou rougeâtre, puis par courants de galets, et même de blocs énormes qui bondissent avec un horrible fracas, et produisent dans leur course impétueuse les plus étranges bouleversements. Lorsqu'on examine d'un lieu élevé l'aspect d'une contrée ainsi ravinée, elle présente l'image de la désolation et de la mort. D'immenses lits de cailloux roulés, de plusieurs mètres d'épaisseur, couvrent au loin l'espace, débordent sur les plus grands arbres, les cernent, les couvrent jusqu'au sommet, et ne laissent pas même au laboureur une ombre d'espérance. Il n'y a rien de plus triste à voir que ces échancrures profondes des flancs de la montagne, qui semble avoir fait éruption sur la plaine pour l'inonder de débris. A mesure que ces flancs se creusent sous l'action du soleil qui réduit le roc en atomes, et de la pluie qui les charrie, le lit du torrent s'exhausse quelquefois de plusieurs mètres par année, jusqu'au point d'atteindre le tablier des ponts et de les emporter. On distingue à de grandes distances, au sortir de leurs gorges profondes, ces torrents étalés en éventails de 3,000 mètres d'envergure, bombés vers leur centre, inclinés sur leurs bords, et s'étendant comme un manteau de pierres sur toute la campagne.

Telle est leur physionomie quand ils sont à sec. Mais la parole humaine ne saurait décrire leurs ravages en termes capables de les faire comprendre, au moment de ces crues subites qui ne ressemblent à aucun des accidents ordinaires du régime des eaux fluviales. Ce ne sont plus des rivières débordées, mais de véritables lacs roulant en cataractes, et poussant devant eux des masses de pierres chassées par le flot, comme des projectiles par le feu de la poudre. Quelquefois ces murs de cailloux s'avancent seuls sans être accompagnés d'une nappe d'eau visible, et leur bruit est plus fort que celui du tonnerre. Un vent violent les précède et annonce leur approche; puis l'on voit arriver des vagues d'eau bourbeuse, et, au bout de quelques heures, tout est rentré dans le morne silence qui plane sur ces lieux. Mais ces crues désastreuses ont produit aussi les effets les plus singuliers; parfois le torrent déchaîné est tombé à angle droit sur une rivière, et l'a forcée, par le choc, de remonter vers sa source; ailleurs, deux torrents, descendant l'un vers l'autre de deux pentes opposées, se livrent dans le lit même de la rivière qui les sépare un combat gigantesque, et se mitraillent de leur lave de cailloux. Ils affouillent profondément les terres sur leur passage, les charrient au loin pour atterrir plus loin encore et transplanter les héritages broyés et dispersés dans la campagne.

BLANQUI aîné.

(*Mémoires de l'Académie des sciences morales et politiques.*)

Blanqui aîné est mort en 1855. Ce célèbre économiste avait succédé à J.-B. Say dans la chaire du Conservatoire des arts et métiers. Il a publié un grand nombre d'ouvrages sur l'économie politique.

LE FUMIER

Les cultivateurs, même les plus intelligents, se préoccupent bien plus de la production que de la conservation du fumier; cependant, en cette matière comme en beaucoup d'autres, conserver c'est produire. N'est-il pas en effet de la dernière évidence, que si, par des soins convenables, on parvient à empêcher qu'il se perde le quart, la moitié des agents fertilisants sortis des étables, c'est, au point de vue de l'économie des engrais, exactement comme si l'on augmentait dans les mêmes proportions les animaux de rente. En d'autres termes, c'est obtenir plus de fumier de la même quantité de fourrage.

En France, et je puis même dire dans toute l'Europe, la négligence qu'on apporte dans la conservation des engrais occasionne des pertes considérables que ne soupçonnent pas toujours ceux qui les supportent. Ainsi, dans la plupart de nos villages, le fumier, amoncelé dans les cours, dans les rues, reste exposé à la pluie que déversent les toits des bâtiments; ou bien il est jeté dans des trous d'une capacité insuffisante d'où les eaux débordent dans la saison pluvieuse, comme si, dans l'un ou l'autre cas, on se proposait de le laver afin de lui enlever la presque totalité des principes immédiatement actifs. Ce n'est pas seulement chez le paysan pauvre que l'on constate cet état de choses, d'autant plus fâcheux, qu'il a pour effet d'atténuer la fertilité du sol, en même temps qu'il devient une cause réelle d'insalubrité, en portant l'infection dans les puits et les abreuvoirs. D'importants domaines ne laissant rien à désirer sous le rapport des constructions, du choix du bétail, de l'excellence et de la variété des instruments aratoires, manquent cependant encore des dispositions nécessaires pour empêcher la déperdition du purin et assurer au fumier l'humidité indispensable à une bonne confection.

BOUSSINGAULT.

(*La Fosse à fumier.*)

M. Boussingault est membre de l'Académie des sciences, membre de la Société impériale et centrale d'agriculture de France, et professeur de chimie agricole au Conservatoire des arts et métiers.

LA JACHÈRE D'ÉTÉ

La jachère d'été devient aussi très-utile dans certains cas, et dans quelques-uns même elle est également indispensable. Dans toutes les parties des contrées méridionales, dont la chaleur brûlante du climat, jointe à l'aridité naturelle du sol, ne peut être efficacement tempérée par d'utiles irrigations, qui, toutes les fois qu'elles sont praticables, convertissent même les sols les plus ingrats en terres du plus grand produit; dans toutes les terres, de quelque nature qu'elles soient, et sous quelque climat qu'elles se trouvent, qu'une culture négligée a laissé envahir par un gazon épais de plantes vivaces et nuisibles, dont les racines traçantes, articulées ou tubéreuses, sont d'une extirpation et d'une destruction très-difficiles, pour ne pas dire impossibles, et qui devient d'ailleurs lente et très-coûteuse par les moyens ordinaires, cet intervalle de non-production est toujours de la plus grande utilité pour parer à ces deux inconvénients.

Dans le premier cas, la chaleur du climat, la dureté, l'aridité du sol, sont telles, qu'en supposant la récolte faite dans le mois de juin, comme cela arrive fréquemment dans le midi, la sécheresse constante qui règne ordinairement à cette époque et pendant les mois suivants s'oppose irrésistiblement à toute espèce de production annuelle ou momentanée, lorsqu'on ne peut se procurer aucun moyen artificiel de remédier à ce puissant obstacle, réellement insurmontable par tout autre moyen que les irrigations.

Les champs, dépouillés alors de leurs produits, ne sont pas, le plus souvent, attaquables par les instruments aratoires ordinaires; et quand ils le seraient, le défaut d'humidité suffisante rendrait toute espèce d'ensemencement inutile et en pure perte. Il n'y a tout au plus que quelques prairies artificielles, au moins bisannuelles, qui, semées simultanément avec les grains, en automne ou de bonne heure au printemps, puissent occuper utilement le sol à cette époque critique, lors toutefois qu'elles peuvent résister aux efforts destructeurs et prolongés d'une sécheresse excessive, ce qui n'arrive pas toujours, et dans le cas d'impossibilité d'en établir aucune, la jachère d'été devient indispensable.

Dans le second cas, l'urgente nécessité de purger complétement le champ des racines envahissantes, entrelacées en tous sens, qui sont vivaces, très-rustiques, et extraordinairement difficiles à extirper et à détruire, lorsqu'elles s'en sont exclusivement emparées après s'y être paisiblement multipliées pendant plusieurs années, impose entièrement la loi rigoureuse de la jachère d'été. V. YVART.

(*Mémoire de la Société d'agriculture de Paris.*)

V. Yvart est mort le 19 juin 1831; il était membre de l'Académie des sciences et de la Société centrale d'agriculture de France. L'Institut a couronné son ouvrage sur les assolements.

LE TEMPS ET L'ARGENT

Il y a, en agriculture, deux manières de procéder: l'une, plus prompte, exige, de la part du cultivateur, plus de capitaux, plus de connaissances et plus de fermeté, l'autre lui demande moins de peines et de soucis, mais plus de persévérance. Celle-ci est plus sûre mais moins féconde ; celle-là peut mener à de plus grands résultats, dans un temps donné ; mais ses chances sont diverses.

La première consiste à effectuer immédiatement tous les changements, toutes les améliorations qu'on a en vue; à créer sur le sol une circulation active de nombreux capitaux, et à atteindre, par la plus courte voie, les conséquences du plan cultural qu'on s'est formé, après une étude approfondie de sa position.

Avec la dernière, au contraire, on n'innove qu'au fur et à mesure que les circonstances deviennent favorables, que les hommes se forment et que les voies commerciales s'ouvrent à de nouveaux produits ; au lieu de confier à la terre de grands capitaux, on lui laisse accumuler peu à peu une partie de ses produits. Loin de créer immédiatement un ensemble complet de spéculations qui doivent s'entr'aider, on ne les organise que successivement, au fur et à mesure qu'elles réussissent et que de nouveaux capitaux deviennent disponibles. En un mot, on arrive par le *temps* aux résultats que, dans la première méthode, on obtient par l'*argent*.

A. BELLA.

(*Les Annales de Grignon.*)

A. Bella est mort le 5 avril 1856. Il a fondé en 1827 et dirigé jusqu'en 1849 l'École d'agriculture de Grignon.

L'AGRICULTEUR

L'ouvrier des champs grandit où il est né. Les sentiments et les habitudes de famille, de voisinage, de parenté, de pays lui forment une atmosphère d'affections innées, cruelles à rompre, lentes à reformer. Il n'est pas contraint de se séquestrer de la nature physique, ce milieu nécessaire à l'homme pour que l'homme soit sain et complet. Il a le ciel sur la tête, le sol sous les pieds, le soleil dans les yeux, l'air dans la poitrine, l'horizon vaste et libre devant les regards, le spectacle irréfléchi, mais perpétuellement nouveau, du firmament, de la terre, du jour, de la nuit, des saisons, qui entretiennent sans paroles, mais sans lassitude, les sens, le cœur, l'esprit de l'homme de la campagne. Ses travaux sont rudes, mais ils sont variés; ils comportent mille applications diverses de la pensée, mille attitudes différentes du corps, mille emplois des heures et des bras : bêcher, labourer, semer, sarcler, faucher, planter des haies, bâtir des murs, élever, soigner, nourrir, traire des animaux domestiques, moissonner, battre les gerbes, vanner le blé, portent mille applications diverses de la pensée, mille attitudes ; émonder, vendanger les vignes, pressurer le raisin, récolter les fruits du noyer ou du châtaignier, sécher ces récoltes, les préserver pour l'hiver, irriguer les prairies, curer les écluses des moulins, pêcher les étangs, atteler et dételer les bœufs; tondre les moutons, presser le laitage des chèvres, couper le genêt ou la broussaille pour le foyer, réparer le chaume du toit, tresser le jonc, peigner le chanvre, nourrir les vers à soie, filer la laine pendant les jours de neige, ce sont là autant de travaux qui, en divertissant le travail de l'ouvrier de la campagne, le lui font aimer, et changent la peine en intérêt, et souvent en attachement passionné à l'œuvre.

Presque tous ces travaux s'accomplissent en plein air et en plein jour, santé et gaieté de l'homme; l'homme n'y est point machine, il y est homme ; il y place son émulation, son orgueil, son adresse, sa force, son habileté ; il y est actif et assidu, mais il n'y est pas esclave. Il se sent libre, il se déplace à son gré dans le vaste atelier rural ouvert à ses pas, il y devient robuste ; il y reste sain ; sans cesse aux prises avec les forces de la nature, il y exerce les siennes ; il a la fierté et le courage de sa liberté ; il est propre à tout. Quand il a grandi dans cette sorte de discipline des travaux champêtres, il est aussi propre à défendre son pays qu'à le fertiliser. Une empreinte de santé, de vigueur, de franchise, de liberté et de fierté modeste civilise ses traits. Il regarde en face, il marche droit, il parle haut, il respire à pleine poitrine ; il ne craint et il n'envie personne. Placez à côté l'un de l'autre un habitant des villes et un habitant des campagnes du même âge, et comparez l'homme à l'homme. DE LAMARTINE.

(*Le Civilisateur.*)

M. de Lamartine est l'auteur de poésies intitulées : *les Méditations.*

LE LEVER DU SOLEIL

Tandis que je gravissais, par une matinée très-froide, le sentier escarpé qui conduit au haut de la montagne, un brouillard épais remplissait l'atmosphère. Je voyais à peine les arbres les plus voisins de moi, et leurs troncs se dessinaient comme des ombres à travers la vapeur. Arrivé au sommet, je fus ravi de me trouver au pied d'une gothique chapelle, et ses ogives, ses arcs si divisés, ses fenêtres en forme de rosaces, ses vitraux de couleur, à moitié brisés, me charmèrent.

Le soleil, se levant à peine, donnait un relief extraordinaire à tous les objets. Le brouillard, que j'avais un instant auparavant sur la tête, était alors au-dessous de mes pieds ; il s'étendait comme une mer immense, et allait flotter contre les montagnes et jusque dans leurs moindres sinuosités. Je voyais des bouquets d'arbres dont le tronc était plongé dans la vapeur, et dont la tête paraissait à peine ; les châteaux à quatre tours, qui ne montraient que leurs cônes d'ardoise. La moindre brise qui venait soulever cette masse l'agitait comme une mer. Auprès de moi, elle venait battre contre les rochers, et j'aurais été tenté de me baisser pour y puiser comme dans un liquide. Bientôt le soleil, la pénétrant, l'agita profondément, et y produisit une espèce de tourmente. Soudain elle s'éleva dans l'air comme une pluie d'or ; tout disparut à travers cette vapeur de feu, et le disque même du soleil fut entièrement caché. Ce spectacle avait le prestige d'un songe ; mais un instant après, cette pluie retomba, l'air se trouva aussi pur, le brouillard aussi épais, mais moins élevé. Grâce à cet abaissement, de nouveaux arbres montraient leurs têtes, des coteaux, inaperçus tout à l'heure, présentaient leurs cimes grises ou verdoyantes. Ce mouvement d'absorption se renouvela plusieurs fois, et à chaque reprise, le brouillard, en retombant, se trouvait abaissé, et une nouvelle zone était découverte : enfin la vallée se montra délivrée des brouillards, fraîche de la rosée et brillante du soleil.

Dans ce moment le voile était tiré ; je voyais tout, jusqu'à l'écume des torrents et au vol des oiseaux ; l'air était parfaitement pur ; seulement quelques nuages qui se trouvaient sur la direction ordinairement plus froide des eaux ou des courants d'air, circulaient encore dans le milieu du bassin, se traînaient peu à peu le long des montagnes, remontaient dans leurs sinuosités, et venaient se reposer enfin autour de leurs pointes les plus élevées, où ils ondoyaient légèrement. Mais la vallée, comme une rose fraîchement épanouie, me montrait ses bois, ses coteaux, ses plaines vertes du blé naissant, ou noires d'un récent labourage ; ses étages nombreux couverts de hameaux et de pâturages ; ses bosquets flétris, mais conservant encore leur feuillage jaunâtre ; enfin des glaces et des rochers menaçants. Mais ce qu'il est impossible de rendre, c'est ce mouvement si varié des oiseaux de toute espèce, des troupeaux qui avançaient lentement d'une baie à l'autre, de ces chevaux qui bondissaient dans les pâturages ou au bord des eaux ; ce sont surtout ces bruits confus de sonnettes des troupeaux, des aboiements des chiens, du cours des eaux et du vent, bruits mêlés, adoucis par la distance, et qui, joignant leur effet à celui de tous ces mouvements, exprimaient une vie si étendue, si variée, et si calme. Je ne sais quelles idées douces, consolantes, mais infinies, immenses, s'emparent de l'âme à cet aspect, et la remplissent d'amour pour cette nature et de confiance en ses œuvres.

THIERS.

(*Voyage dans le Midi.*)

M. Thiers est l'auteur de la *Révolution française* et du *Consulat et de l'Empire.*

L'EAU ET LES LÉGUMES

Quelle qu'elle soit, l'eau destinée à l'arrosage des légumes ne doit pas être trop froide. Il convient que sa température soit au niveau et même un peu au-dessus de l'air extérieur. On a donc intérêt avec l'eau qui sort du puits ou de la fontaine, à la laisser quelques heures en repos dans un réservoir quelconque, avant de l'utiliser. On appelle cela dégourdir l'eau au soleil.

L'eau est nécessaire, indispensable à la végétation des plantes, à titre unique d'agent de la fermentation ; sans elle les graines ne germeraient pas. Elle est nécessaire en outre au développement des plantes, en ce sens qu'elle dissout les sels de la terre et des engrais, et les conduit dans les divers organes de ces plantes ; elle est nécessaire aussi pour réparer, dans les végétaux, les pertes occasionnées par l'évaporation, par l'action du soleil et des vents secs sur les tissus ; enfin elle est nécessaire pour laver les feuilles et les tiges, les débarrasser de la poussière qui en obstrue les pores et faciliter leurs fonctions. Tout le monde est d'accord là-dessus ; mais à l'exception de quelques habiles jardiniers et amateurs, nos cultivateurs n'en agissent pas moins à l'aventure, quand il s'agit d'arroser.

Au potager, nous nous servons de plusieurs termes distincts pour exprimer les divers modes d'arrosage. S'il ne s'agit que d'éveiller les facultés germinatives des graines et de favoriser la levée, on donne très-peu d'eau avec un arrosoir à pomme finement trouée, et l'on renouvelle assez fréquemment l'opération en temps de sécheresse. C'est ce qu'on appelle un *bassinage*. Quand il s'agit d'arroser de très-jeunes plantes, afin de dissoudre les sels nécessaires à leurs racines, on donne un peu plus d'eau ; c'est ce qu'on appelle une *mouillure*. Quand enfin il s'agit de soutenir une plante en pleine végétation et d'augmenter le plus possible la prise de nourriture, on donne de l'eau copieusement : c'est ce qu'on appelle un *arrosage*.

P. JOIGNEAUX.

(*Le Jardin potager.*)

M. P. Joigneaux est l'écrivain populaire des jardiniers ; ses ouvrages intitulés : *le Jardin potager, les Choux, les Causeries sur l'agriculture et l'horticulture*, etc., attestent hautement ses connaissances horticoles.

L'AGRICULTEUR FAIT NAITRE, MAIS NE CRÉE PAS

Personne n'est capable de créer de la soude ou du savon. Ces produits résultent du concours de forces chimiques, et comme celles-ci n'agissent qu'à une distance infiniment petite, la tâche du fabricant consiste à donner aux matériaux la forme la plus convenable. Il emploie, à cette fin, les moyens mécaniques ou la chaleur de ses fours et de ses fourneaux, il écarte les obstacles qui s'opposent aux manifestations des forces chimiques.

L'agriculteur ne peut pas davantage créer les fruits de la terre, son travail consiste uniquement à veiller à ce que, sous l'influence de la lumière solaire et de la chaleur, grâce à une activité propre qui se trouve dans la semence, certains éléments de l'air, de l'eau et du sol, réagissent l'un sur l'autre, de telle sorte que le corps de la plante naisse du germe; elle doit dans toutes ces opérations considérer que la plante est un être vivant, qui a besoin de lumière, d'air et d'espace, pour développer vers le haut et le bas ses organes actifs. Il doit écarter tous les obstacles et toutes les influences nuisibles qui pourraient porter préjudice à l'activité de la plante, et s'assurer que le sol ne manque d'aucun des matériaux nécessaires pour la construction de cette machine compliquée que constitue pour lui la plante, afin qu'elle lui livre beaucoup de produits.

Si le sol ne contient pas ces matières premières, le travail est sans résultat, car, à lui seul, il ne peut rendre un champ fertile. Le sol est la source de tous les biens et de toutes les valeurs que l'homme emploie aux besoins de la vie, et la richesse qu'un pays acquiert par la culture, peut être ramenée à certains éléments qui déterminent la production végétale. LIEBIG.

(*Les Lois de l'agriculture.*)

M. Liebig est professeur de chimie à Giessen. Ce savant illustre a publié plusieurs ouvrages fort remarquables sur la chimie appliquée à l'agriculture.

LE PAYSAN D'AUTREFOIS ET CELUI D'AUJOURD'HUI

Propriétaire et fermier ne peuvent s'appliquer à l'élevage des animaux de boucherie sans s'appliquer à la multiplication des céréales. L'animal de boucherie exige une abondante nourriture d'hiver; cette nourrirure se compose de ce qu'on nomme plantes sarclées. Ces plantes impliquent forcément l'ameublissement et le nettoyage de la terre; l'ameublissement et le nettoyage de la terre sont les meilleures conditions pour la récolte des céréales. Ce n'est pas tout. L'abondance de blé produit l'abondance de paille, la paille fait la litière, la litière fait le fumier, le fumier fait l'engrais, l'engrais repose les déperditions du sol et lui rend ses qualités fertilisantes à mesure qu'elles s'épuisent; en sorte que toutes ces améliorations se tiennent, s'enchaînent, se commandent, et s'engendrent mutuellement.

Sans faire à l'habitant des campagnes un cours scientifique et séparé sur chacune des améliorations que comporterait son terroir, vous les lui inculquez et les lui imposez toutes à la fois, vous le mettez non-seulement à la meilleure école théorique, mais vous lui donnez le maître praticien par excellence, l'intérêt personnel, qui ne peut plus, une fois entré dans la bonne voie, s'arrêter à mi-chemin. Vous lui apprenez du même coup à tirer parti de la terre, et à tirer parti de lui-même. Avec les animaux de boucherie, point de chômage dans le travail, point d'inactivité dans l'homme, plus de terres sans culture, plus de morte saison.

Le paysan tel que je l'ai connu, avait un profond respect pour le sol en jachère; il était profondément convaincu qu'on ne pouvait donner au sol qu'une culture alternative et il se condamnait régulièrement à ne tirer parti chaque année que des deux tiers ou quelquefois même de la moitié du terrain qui lui était confié. Il faut que la terre se repose, disait-il imperturbablement, et il refusait de s'apercevoir que cette terre qu'il appelait au repos se mettait à produire d'elle-même non plus un simple tubercule ou un mince tuyau de paille surmonté d'un épis léger, mais d'épais ajoncs et même un arbrisseau tel que le genêt qui, dans la Vendée, l'Anjou et le Poitou, s'élève communément à 5 ou 6 pieds de hauteur. Car l'oisiveté est tellement contre nature, que partout où elle règne, elle nuit. Les champs, pas plus que l'homme, ne sont faits pour elle. Dans l'homme, elle produit les pensées stériles, dans la terre, les plantes sauvages ou malsaines. Rien n'est plus agité qu'un homme oisif, et la terre livrée à elle-même se couvre d'une végétation désordonnée, plus fatigante à enfanter que des moissons bienfaisantes.

La culture activée, perfectionnée, a donc amené des découvertes ; d'abord, c'est que dans l'ancien système, c'est le laboureur qui se repose et non le sol ; ensuite, qu'en variant la culture on peut impunément la rendre continue, chaque culture appelle le suc qui lui est propre. Un bon assolement est le véritable repos de la terre, parce qu'il ménage les efforts, parce qu'il ne met que successivement en jeu les forces productives et, par l'administration régulière d'un engrais bien approprié, les répare au fur et à mesure qu'il les emploie.

Tout n'était pas erreurs dans les vieux préjugés de l'ancien paysan. La terre, telle qu'il la gouvernait autrefois, c'est-à-dire la même semence toujours jetée dans le même sol, sans amendement et sans engrais, finissait par l'appauvrir. Ce n'était pas la terre qui refusait la richesse au laboureur, mais c'était le laboureur qui ne s'employait pas assez activement ou assez habilement à l'exploitation de la richesse naturelle. L'appauvrissement venait de sa méthode, et c'est ce qu'il voulait lui apprendre. Le cerveau s'épuiserait au même régime, une intelligence que rien ne fortifie ni ne renouvelle, finit aussi par succomber; retrempée au contraire et vivifiée dans une juste mesure, la puissance est illimitée.

De Falloux.

(*Dix ans d'agriculture.*)

M. le comte de Falloux est membre de l'Académie française et lauréat de la prime d'honneur du département de Maine-et-Loire.

INFLUENCE DE LA LUMIÈRE SUR LA VÉGÉTATION

La lumière émane du soleil ; elle se propage dans tous les sens avec une rapidité plus ou moins grande, selon l'état de pureté de l'atmosphère, et elle se répartit inégalement comme la chaleur, suivant les heures du jour, les zones astronomiques et les saisons.

La lumière a une influence sur la vie de tous les êtres organisés. C'est elle qui colore les végétaux en une couleur verte plus ou moins prononcée en opérant la décomposition de l'acide carbonique dans les feuilles, les tiges, etc., qui force les végétaux à acquérir de la dureté, de la résistance, et à mûrir leurs fruits. Considérée sous un autre point de vue, l'action de la lumière est non moins importante à connaître. Elle favorise la succion et la transpiration des plantes ; elle accélère la formation des huiles essentielles qui les rendent aromatiques ; elle concourt à l'existence des parties huileuses, alcooliques, résineuses, qui sont pour l'agriculteur d'autres richesses non moins précieuses ; enfin, elle augmente la qualité et la solidité des bois, et fait naître, dans certains organes des végétaux, les racines et les fruits, une plus grande abondance de principes sucrés, de fécule, de matières colorantes, etc.

Lorsque les végétaux sont privés, pour ainsi dire, de l'action directe de la lumière, ils éprouvent toujours des modifications défavorables. Les tiges restent molles ; les tissus des organes sont lâches et aqueux ; les feuilles sont petites, et leur coloration est vert pâle ; il en résulte un état de souffrance auquel on a donné le nom d'*étiolement*. Ce changement de coloration s'explique, si on admet ce principe, que, plongées dans l'ombre, les plantes exhalent du carbone, s'assimilent seulement l'oxygène et convertissent difficilement les substances liquides et aériformes en fibres ligneuses, organes desquels résulte en partie la solidité qui caractérise les plantes lorsqu'elles existent dans des conditions tout à fait normales.

Cette décarbonisation ne présente pas, dans toutes les circonstances, des effets défavorables, et il est des cas où elle est d'une certaine importance. Ainsi, c'est en enterrant les tiges du cardon, du céleri, en couvrant d'une certaine couche de terre les jeunes pousses de l'asperge, en privant de l'action de la lumière les pousses du crambé maritime ou chou-marin, et les feuilles centrales de la laitue, de la chicorée, etc., qu'on arrive à en faire des substances alimentaires. Sans cette privation de la lumière, ces plantes continueraient de s'accroître : elles ne s'oxygéneraient pas, et leurs tiges et leurs feuilles resteraient vertes et solides ; elles n'acquerraient pas les qualités particulières qui les caractérisent sous l'influence d'une obscurité complète, et qui sont cause qu'elles ont plus de saveur, et qu'elles sont plus tendres.

L'absence de lumière est aussi nécessaire pour que les racines de certains végétaux puissent être regardées comme parfaites. En effet, il importe que les racines de la betterave, de la carotte végètent, pour ainsi dire, à l'abri de l'action de la lumière, pour qu'elles renferment la plus grande quantité de matières saccharines possibles ; il faut que les tubercules de la pomme de terre végètent et grossissent sous terre, c'est-à-dire qu'ils soient sans cesse exposés à l'action d'une lumière faible pour que leur vertu nutritive soit très-grande. Si ces racines et ces tubercules végétaient à la surface de la terre, et si elles étaient en contact continuel avec la lumière solaire, elles verdiraient, se carboniseraient et perdraient une partie des qualités qui les rendent si propres à être mangées. Cette modification qu'éprouvent les tubercules de la pomme de terre exposés à la lumière, force le cultivateur à opérer le buttage des variétés qui produisent leurs tubercules à la surface de la terre, et à rentrer en cave ou en silos ces tubercules aussitôt que possible après leur arrachage, c'est-à-dire dès qu'ils sont secs.

Une lumière très-vive produit aussi des effets souvent défavorables. Longtemps exposés à l'action d'une lumière très-intense au sein d'un sol sec, les végétaux possèdent des caractères spéciaux. Les tiges restent plus basses, plus rabougries ; les feuilles plus petites. Ainsi toutes les plantes qui croissent sur les sommets des montagnes, sur lesquels la lumière agit plus longtemps et avec plus d'intensité, ont une coloration plus apparente et des odeurs plus prononcées ; tandis que celles qui végètent dans le fond de vallées étroites dominées par des élévations qui retardent le jour et avancent la nuit en interceptant les rayons du soleil, sont grêles, hautes et presque sans odeur.

Si la lumière est nécessaire aux plantes, elle reste sans effet sur la germination des semences. Celles-ci ne demandent, pour accomplir cette phase de la végétation, que la chaleur obscure et l'humidité. C'est que la graine absorbe l'oxygène et exhale de l'acide carbonique pendant tout le temps que dure le développement du germe. Si, pour germer, les semences exigeaient du carbone, elles décomposeraient l'acide carbonique de l'air, et il faudrait les mettre en contact avec la lumière. Mais, comme elles ne jouisent généralement pas de cette dernière propriété, qu'elles dégagent, même à la lumière, de l'acide carbonique, et absorbent l'oxygène lors de leur germination, il en résulte qu'il faut qu'elles soient placées au sein de l'obscurité. Pour remplir cette condition, on les recouvre de terre, et l'épaisseur de la couche varie suivant leur volume et la force organique du germe.

GUSTAVE HEUZÉ.

(*L'Agrologie.*)

LE MAQUIGNON NORMAND.

La journée du samedi offrit un autre spectacle. C'était la foire à X. Y. Z. Déjà la veille, en revenant de l'hippodrome, nous avions trouvé les routes encombrées de gens qui n'avaient point revêtu cet air de fête auquel on distinguait aisément la foule qui avait assisté aux courses. Leur physionomie était plus rieuse et plus occupée. Je distinguai surtout deux genres de cavaliers. Les uns, en blouse bleue, portaient suspendu au poignet un lourd bâton garni de cuir, et par derrière une valise à moitié cachée sous une limousine ; à leurs yeux bleus, à leur voix mielleuse, à la politesse avec laquelle ils vous tiraient leur chapeau de paille, il était facile de reconnaître des maquignons normands ; les autres, maigres, soucieux et sombres, cheminaient lentement, et leur feutre écourté ne quittait jamais leur serre-tête de toile qui cachait leur chevelure grise, c'étaient des Poitevins, race soupçonneuse et morose, dont la probité querelleuse est pire peut-être que la rouerie joyeuse et sociable de leurs confrères de la Normandie.

Mais arrivons au champ de foire, c'est là qu'il faut observer les acheteurs et les marchands en présence, étudier leur diverses natures et voir l'adresse façonnée des maquignons aux prises avec la ruse patiente des paysans. Je devais être, ce jour-là, le cicérone de plusieurs jeunes curieux qui ne demandaient pas mieux que de devenir amateurs, mais qui, probablement, n'avaient point encore vu de près un marché aux chevaux. Je le crus, du moins à leur embarras, lorsqu'ils se sentirent heurtés, poussés par la foule, étourdis par les cris, éblouis par le mouvement... chacun allait et venait... et je fis observer à mes compagnons combien il était curieux de voir l'ordre au milieu de cette confusion, l'intelligence dans ce chaos, le calme dans ce tumulte. Ne penserait-on pas qu'il a fallu des ordres impérieux, des mesures prises longtemps à l'avance pour amener à tel jour, à telle heure, tant d'hommes de contrées si diverses, pour accumuler sur un point tant de marchandises différentes? Une seule puissance a fait tout cela, l'intérêt particulier.

— C'est lui qui, autant et plus que les lois peut-être, lie les hommes entre eux, c'est lui qui entretient le mouvement du commerce, alimente nos villes, qu'un jour d'oubli réduirait à la famine, c'est lui qui fait quelqufois le crime, mais c'est surtout lui qui fait l'honneur et la probité de la société.

La foire commençait à s'éclaircir, les paysans des communes les plus éloignées s'étaient déjà retirés... Un Normand, frais et blond, causait avec un entremetteur à l'éperon soudé au soulier gauche et au fouet croisé en bandoulière. Il s'agissait, pour le rusé marchand, d'acheter, au plus bas prix possible, la plus belle jument de la foire, restée invendue par suite des prétentions élevées de son propriétaire, vieux malin qui l'avait élevée, et capable, disait-on, autour de nous, de vendre le paradis au bon Dieu.

— Tiens, dit le Normand à son compère, je n'avais pas vu celle-ci.

Et il la regarda en sifflant.

— C'est dommage, ajouta-t-il, qu'elle ait une aussi mauvaise tête... Ça n'a-t il pas l'air d'un boisseau de grain au bout d'un cou de cheval... et les jarrets donc !... avec ça, la plus belle bête perd son prix... C'est égal, je donnerais 500 francs pour la jument.

— Chut ! fit l'autre, le paysan vous entend.

— Je ne me dédis pas s'il veut lui changer la tête, mais, comme elle est, je n'en donnerais pas la moitié.

Le paysan, qui écoutait immobile, semblait n'avoir rien entendu. Le maquignon vient tâter le cheval...

— Vous voulez acheter? dit le vieux en souriant.

— Ah ! tu me vois donc !... Eh bien, combien ta bête?

Le paysan ne répondit pas, et se mit à refaire tranquillement une des tresses de la crinière.

— Combien votre jument? répète le compère.

Même silence.

— Ah çà! répondras-tu, animal? cria le maquignon.

Se détournant alors, comme s'il avait deviné qu'on lui parlait, le paysan semblait interroger des yeux ; puis :

— Je suis sourd, dit-il en haussant les épaules.

— Que le diable emporte la brute! reprit le Normand, on ne pourra pas lui faire entendre un seul mot.

Le paysan sourit, et répéta :

— Je suis sourd... sourd.

— Eh! je le vois bien, sauvage, répondit le marchand.

Puis s'approchant de l'oreille du paysan, et faisant un porte-voix de sa main, il lui cria :

— Combien la jument?

— Douze cents francs.

— Excusez, l'ami! fit le Normand, douze cents francs!... La jument fait des écus de cent sous, à ce qu'il paraît!... Douze cents francs pour un animal qui a une tête comme ça!

Tu veux te gausser de moi, vieux farceur!...

— Beau cheval, dit l'autre, beau cheval!...

Et il montrait sa jument avec complaisance, il détaillait ses perfections. A chaque éloge, le maquignon opposait une critique; mais le paysan n'entendait rien et continuait toujours.

— Décidément, il est sourd comme une cruche, dit le Normand à l'entremetteur.

— Il paraît, répondit celui-ci.

— Propose-lui cinq cents francs; coûte que coûte, il faut que j'aie la bête.

Et il s'éloigna. L'entremetteur fit l'offre, et le paysan de se récrier à son tour, et de recommencer l'énumération de toutes les qualités de sa jument. Le maquignon revint, et examinant de nouveau :

— Elle n'est pas poussive, au moins?

Le paysan jura par Jésus et la Vierge que la bête avait la poitrine saine.

— Ni cornarde?

Même affirmation.

— Ni boiteuse? ni lunatique?

Affirmation plus énergique encore de la part du paysan, qui assura également que la jument ne mordait ni ne ruait, qu'elle était facile au ferrage, et il fit voir sa bouche et ses yeux, souleva ses pieds, la fit marcher et trotter. Pendant tout ce temps, de nouvelles offres lui avaient été faites, et à chaque écu que l'acheteur ajoutait à son prix proposé, ou que le vendeur retranchait à son prix demandé, c'était un flux de paroles à n'en plus finir... Ils étaient d'accord, sauf quelques pièces de cent sous, et près de conclure, lorsque l'idée de faire monter la bête vint à l'acquéreur, et il dit à son compère de l'essayer. Mais, comme celui-ci étendait le bras pour saisir la crinière, et levait le pied pour qu'on l'aidât à sauter, le paysan se mit à courir en tenant et faisant trotter en laisse sa jument, dont les allures se développèrent rapides, brillantes, allongées, régulières. Ce dernier essai tenta le Normand, qui dit son dernier mot, et proposa de couper en deux la différence entre les prix demandé et offert... Le marché fut conclu ; le paysan reçut des arrhes... et le trio s'achemina vers l'auberge établie en plein vent, pour ratifier le traiter en buvant, selon l'usage. Comme ils s'asseyaient, le tavernier lança sur les parties un regard curieux, et dit en riant :

— Eh bien ! qui a trompé l'autre ?

— Le paysan est enfoncé, répondit le maquignon ; j'ai la bête pour quatre-vingt-seize pistoles, et j'en ferai de l'argent ; je n'en ai de ma vie acheté une pareille.

— Pour quatre-vingt-dix-huit, dit le paysan ; vous avez dit quatre-vingt-dix-huit.

Le maquignon fit un bond énorme et demeura stupéfait.

— Eh bien, eh bien, tu n'es donc plus sourd, toi ?

— On n'a pas besoin d'être sourd pour boire... Versez, versez, l'ami, le marché est fait.

Le maquignon se frappa la tête de ses deux mains.

— Ah ! le scélérat m'aura trompé, s'écria-t-il en se retournant vers la jument.

— L'avez-vous montée? demanda l'aubergiste d'un ton goguenard.

— Non ; pourquoi ?

— La bête a une mauvaise habitude ; elle ne veut souffrir ni cavalier, ni harnais, et l'on n'a jamais pu rien en faire.

Le Normand se détourne vers le paysan, qui était tranquillement appuyé sur son bâton.

— Je ne prendrai pas ta bête, vieux coquin, s'écria-t-il furieux.

— On ne peut pas forcer le monde, répondit paisiblement le vendeur ; mais alors les arrhes seront à moi. Quarante francs font du bien à un pauvre diable, et je n'aurai pas perdu ma journée.

Le maquignon écumait de rage. Il eût volontiers battu le vieux renard, mais l'aubergiste le calma.

— Vous n'êtes point embarrassé de la bête, lui dit-il, elle a belle apparence, et, puisqu'on a pu vous la vendre, vous saurez bien la couler à un autre... tout en gagnant honnêtement votre vie, ajouta-t-il en souriant.

Le marchand paya la somme promise, mais après force malédictions. Le vieux la recompta trois fois, l'éplucha écu par écu, se plaignit que trois pièces étaient mal marquées, et empocha le tout avec de grands soupirs et de fort mauvaise grâce. On eût dit que c'était lui qui se trouvait lésé. Cependant le maquignon s'était rassis en maugréant ; le paysan l'imita et se plaça vis-à-vis de lui.

— Eh bien, que veux-tu encore, voleur?

— C'est l'usage que celui qui achète paye un coup à boire, dit le vieux retors d'un air câlin.

A ce dernier trait, nous partîmes tous d'un éclat de rire, et le Normand sortit furieux. Le paysan attendit encore quelque temps et se retira enfin en grognant.

Cet homme-là, je crois, eût volé un huissier... si la chose était possible.

E. GAYOT.

(*Guide du sportman.*)

M. E. Gayot a dirigé l'administration des haras; il est membre de la Société impériale et centrale d'agriculture de France. Il a publié de nombreux ouvrages sur l'économie du bétail.

LA CIVILISATION DANS LES CAMPAGNES.

La civilisation, qui vivifie tout, a pénétré dans quelques zones de la France rurale. Là, les villages s'alignent et leurs rues s'élargissent. Les murs des cimetières se relèvent, les écoles se fondent, les mairies se décorent, les places publiques se nettoient, se sablent et se couvrent de bornes, de barrières, de bassins, d'allées et de quinconces. Les maisons de paysans s'exhaussent sur la pente des collines. Les bords des étangs, des mares, des rivières et des chemins, se complantent de saules, d'aunes, d'acacias, d'ormes, de peupliers, qui absorbent par leur feuillage les émanations délétères, et qui prodiguent leurs feuilles à la nourriture des bestiaux, leur bois au chauffage de l'homme et leur ombre à son repos. Les fossés, les puits et les ruisseaux se curent, les étangs se dessèchent, les fontaines se désobstruent et les marais se dégorgent de leur limon, de leurs jones et de leur fétidité. Les planchers des bâtiments nouveaux ou réparés se revêtent de sapins, de briques, de mâchefer ou de carreaux, quelquefois vernis. Les murs se blanchissent de chaux. Les plafonds se rehaussent, les fenêtres s'agrandissent, les portes mieux rapprochées, se ferment. L'air, la lumière et le jour pénètrent et rayonnent de l'âtre à l'alcôve et du fournil au cellier.

Les fumiers de l'écurie et des étables reculent et ne soufflent plus leurs vapeurs empestées sous le vent de la maison. Les vignes, binées aux heures perdues du manœuvre, donnent du vin dont la partie pure exprimée se vend, et dont le résidu fermenté se boit. L'extension des prairies artificielles a augmenté le nombre des vaches et, avec les vaches, le beurre, le lait, le fromage.

Les chemins de fer, les routes départementales et les grandes voies de vicinalité ont sillonné le pays, longé les marécages, franchi les montagnes, ouvert les forêts, multiplié les communications, accru le prix des terres, facilité les échanges, approvisionné les marchés, rapproché les villes des campagnes, les denrées des débouchés, les marchands des chalands, les capitaux des emprunteurs, les consommateurs des producteurs et les agriculteurs des industriels.

Les gros propriétaires, membres des comices agricoles, ont secoué la longueur et la stérilité de l'assolement triennal, et ils ont donné dans leurs domaines, par eux aventureusement exploités, des exemples, des procédés, des méthodes de culture variée, hardie, inconnue, encore plus profitables par comparaison et par excitation, aux paysans plus prudents et plus économes, qu'à eux-mêmes.

Les préjugés tombent, les charlatans, les sorciers, les usuriers et les faux docteurs fuient devant la lumière. Les médecins, avec leurs préceptes et leur pharmacie, se sont établis au fond des villages les plus reculés et jusque sur les sommets les plus âpres des montagnes, et ils répondent, sur-le-champ et à peu de frais, à l'appel des pauvres malades. Les écoles, les asiles, les chauffoirs, les ouvroirs, les bibliothèques rurales, les cabinets de lecture, les exhortations des curés, des instituteurs et des maires recommandent l'ordre, la propreté, la discipline, le soin de la personne, la netteté du ménage, l'assainissement des habitations, l'union de la famille, la douceur des traitements envers les femmes, les enfants, les vieillards et les animaux domestiques, la modération dans le labeur, dans la nourriture et dans le plaisir. Les coiffures serrées et gênantes, les habits empesés, les chaussures lourdes font place à des chaussures et à des vêtements plus légers, plus liants, plus renouvelés, plus commodes, mieux appropriés à chaque genre de travail, à chaque espèce de travailleurs.

Les semis plus abondants du colza, des œillettes et des graines oléagineuses, ont réduit le prix de l'éclairage au suif et à l'huile de noix. L'importation facilitée des houilles a rendu moins pesante la cherté du bois de chauffage. L'immense plantation de peupliers a suppléé au chêne pour les poutres, les solives, les planchers et les clôtures des greniers et des bâtiments. Le lin et le chanvre, cultivés en plein champ et dans tous les jardins, ont procuré à chaque ménage, sa toile de lit, de table, de corps et de service. La culture plus étendue des pommes de terre, des betteraves et du maïs, a prévenu les disettes et varié l'alimentation du pauvre.

Les bouchers, les boulangers, les épiciers qui s'installent, de proche en proche, dans tous les villages, y ont introduit l'usage de la viande, du pain blanc, du sucre, du café et du savon, jusque-là, en maints lieux, presque inconnus. Les montres d'argent, les croix et les chaînes d'or, les souliers plus fins, les dentelles ordinaires, les tabliers de soie, les fichus de couleur, les châles à ramages, les calicots, les toiles, les mousselines, les étoffes de laine, les draps légers brillent au cou, aux pieds, au gousset, sur les épaules et sur la taille des jeunes garçons et des jeunes filles. Les gages des serviteurs s'accroissent.

Enfin l'aisance se montre sous toutes les formes, la civilisation se replie et se déploie comme un vêtement souple, et la campagne mieux cultivée, mieux peuplée, mieux bâtie, mieux percée de routes, de canaux et de chemins, mieux arrosée de sources vives et de ruisseaux courants, mieux couverte d'arbres de toute espèce, mieux semée, mieux parée, mieux embellie d'eaux pures, de jardins, de cultures florissantes et diverses, de plantes nouvelles, de verdure et d'ombrages, prend un air de fête.

DE CORMENIN.

(*Entretiens de village.*)

M. de Cormenin, célèbre publiciste et magistrat, a beaucoup écrit. Les *Entretiens de village* lui ont valu, en 1846, les honneurs du prix Montyon.

LE PAYSAGE ET LES COULEURS.

Les couleurs complémentaires jouent le plus grand rôle dans les effets divers que les forêts et les campagnes offrent à nos yeux. Ce ne sont pas seulement les couleurs propres des fleurs, du feuillage, du sol et des rochers, du ciel et des eaux, qui viennent affecter notre rétine, ce sont encore les nuances complémentaires de ces coloris si variés. Ainsi, dans le paysage, où le vert domine presque toujours, notre tendance à voir du rouge donne de l'éclat aux fleurs qui sont teintes de ces nuances si variées et aux fabriques construites en brique ou couvertes en tuiles. Le blanc se détache admirablement sur le vert, surtout quand le ton de la verdure n'est pas encore très-élevé. C'est ce qui nous explique le sentiment de plaisir que nous éprouvons à la vue des fleurs blanches et multipliées des arbres fruitiers, au milieu de leur feuillage naissant, sur la verdure si tendre des prairies, et sous un ciel bleu dont le ton est à peu près le même que celui de cette jeune végétation. Nous éprouvons le même sentiment quand, au milieu des forêts dont les feuilles sont fraîchement écloses, nous remarquons les guirlandes blanches et étagées du cerisier sauvage, ou le contraste de l'aubépine fleurie, ou les rayons blancs de la pâquerette sur l'herbe qui verdit.

La couleur blanche du sol, dans les terrains de craie et de calcaire marneux, donne de l'éclat au vert tendre des végétaux qui s'y développent. Les plaines de la Champagne crayeuse, les champs de la Limagne d'Auvergne, blanchis par le calcaire tertiaire, produisent au printemps de gracieuses harmonies avec les jeunes pousses des plantes et avec les feuilles qui conservent le vert gai de leur premier âge, avec les céréales qui sont encore dans leur fraîcheur. Plus tard, les tons verts se foncent, prennent du brun, et l'harmonie n'existe plus, car les tons foncés ne s'accordent avec les tons clairs, et surtout avec le blanc, qu'au moyen de tons intermédiaires placés entre les deux pour éviter à l'œil de brusques contrastes qui lui déplaisent.

H. LECOQ.

La Géographie botanique.)

LE PREMIER COMICE AGRICOLE

Le 15 août 1755, jour de la fête de l'Assomption, on vit s'accomplir une cérémonie toute nouvelle dans la paroisse de Volandry, située en la province d'Anjou, entre les villes de la Flèche et de Baugé, et formant aujourd'hui l'une des communes du département de Maine-et-Loire.

Dès le matin, tout le pays semblait en rumeur. Au sortir de la messe paroissiale, les habitants en foule s'assemblèrent devant la porte de l'église. Les conversations étaient fort animées, et dans tous les groupes elles avaient pour objet les récoltes de froment et de seigle des environs et la supériorité de tel cultivateur sur tel autre. Cinq habitants notables étaient surtout l'objet de l'attention générale, et les discussions auxquelles ils prenaient part prouvaient qu'ils s'étaient livrés à un examen approfondi et détaillé des cultures du pays. Bientôt un certain mouvement se manifesta dans la foule, que l'on vit aussitôt s'écarter avec respect. Un grand personnage s'avança ; c'était, suivant le style d'alors, haut et puissant seigneur messire Louis-François-Henri de Menon, marquis de Turbilly et autres lieux situés en la paroisse de Volandry, chevalier de l'ordre royal et militaire de Saint-Louis, lieutenant-colonel de cavalerie et major du régiment royal de Roussillon cavalerie. Près de lui vinrent se ranger les cinq notables dont nous venons de parler, et sur le rapport qu'ils firent à haute voix, on proclama les noms des deux cultivateurs qui avaient obtenu cette année, en un seul tenant de deux arpents au moins, l'un le plus beau froment, l'autre le plus beau seigle du pays. Chacun d'eux reçut alors des mains du noble marquis une médaille en argent de la grandeur et pesanteur d'un écu de six livres, qu'il était autorisé à porter toute l'année, suspendue, à l'aide d'un ruban vert, à la boutonnière de son habit. Sur cette médaille étaient gravés, d'un côtés, les armes de la famille de Turbilly, de l'autre, une gerbe de blé avec des faucilles, faux et fléaux, et ces mots en exergue : *Prix d'agriculture*. Cette distinction flatteuse était accompagnée d'une somme d'argent assez importante, et conférait, en outre, le droit de s'asseoir pendant toute l'année dans un banc d'honneur, situé dans le chœur de l'église paroissiale de Volandry.

GUILLORY aîné.

(*Notice sur de Turbilly.*)

M. Guillory aîné est président de la Société industrielle d'Angers et correspondant de la Société impériale et centrale d'agriculture de France.

FORMATION DES COCONS DES VERS A SOIE

Le ver à soie commence son travail par la partie extérieure du cocon, puisqu'il s'y renferme.

Après avoir convenablement disposé la bourre (grosse soie qui enveloppe le cocon), il prend une position particulière; il se replie sur lui-même en forme de fer à cheval, le dos en dedans, les pattes en dehors. Dans cette position, il continue à disposer son fil autour de lui, en rapprochant de plus en plus les points d'attache, et il arrive au point de décrire avec sa trompe soyeuse des zigzags très-courts.

Quelquefois il poursuit pendant quelque temps une même série de zigzags, puis il fait un écart de quelque étendue et entreprend une autre série; il revient, retourne, s'éloigne, et garnit ainsi successivement tout l'espace vide qu'il s'est réservé au centre de la bourre.

Pour diriger et fixer le fil à mesure qu'il est produit, pour donner à la couche soyeuse qui s'épaissit de plus en plus la forme qui lui convient, le ver s'aide de ses palpes et de ses pattes articulées. Ses mouvements ressemblent à ceux d'un chien ou d'un chat qui, parvenu dans l'intérieur d'un tas de foin, s'y creuse un lit en refoulant l'herbe de tous côtés, jusqu'à ce qu'il ait formé une cavité arrondie dans laquelle il puisse séjourner commodément.

Le ver pétrit donc en quelque sorte la couche de soie à mesure qu'elle sèche et durcit. Il forme ainsi autour de lui une *coque* plus ou moins sphérique, ovale ou cylindrique : c'est le *cocon*.

ROBINET.

(*Manuel de l'éducateur.*)

M. Robinet est membre de la Société impériale et centrale d'agriculture de France et de l'Académie impériale de médecine. On lui doit d'intéressantes publications sur le mûrier et l'éducation des vers à soie.

LE BEURRE DE NORMANDIE

La chose qui frappe tout d'abord l'étranger quand pour la première fois il traverse la Normandie, c'est la vue de ces immenses prairies dont les pelouses sont animées par de nombreux sujets de la race bovine au pelage varié et d'un riche éclat. Ces prairies, la plupart closes avec soin par des haies garnies d'arbres (*hauts-bords*) destinés à abriter les vaches en hiver contre la rigueur de la saison, en été contre les ardeurs d'un soleil brûlant, sont les vastes ateliers où s'élaborent les matières premières du beurre. Deux ou trois fois dans la journée, des servantes vont traire les vaches (*trayage*), et le lait est reçu dans des vases de cuivre jaune connus sous le nom de *cannes*, sur lesquels se reflètent brillamment les rayons du soleil. Ces vases sont transportés à la ferme sur le dos d'un âne ou, le plus souvent, sur le dos d'un petit cheval que l'on appelle *trayon*.

Apporté à la ferme, le lait est déposé immédiatement dans des vases de terre nommés *serènes;* en hiver on a soin qu'il conserve la chaleur animale (12 à 13°), et en été on veille à ce qu'il soit un peu rafraîchi. Afin d'éviter la présence de tout corps étranger, on a la précaution, en le versant, de le filtrer dans un tamis dont la *passoire* est tenue très-propre; cette seconde opération se nomme *coulage.*

Les vases dont nous venons de parler, et qui reçoivent le lait à son arrivée à la ferme (les *serènes*), affectent une forme cylindrique ou celle d'un cône renversé fort allongé; ils sont en grès de Noron ou de Vindefontaine, dont le grain serré et la dureté de la pâte offrent les garanties nécessaires contre l'infiltration du liquide dans les parois des vases, qui peuvent être maintenus dans un état de parfaite propreté.

C'est dans les *serènes* que se passe le phénomène le plus important de la fabrication du beurre, l'ascension de la crème et sa séparation des autres parties constituantes du lait; il est donc de toute nécessité que la plus grande propreté préside à cette opération. Aussi l'attention la plus rigoureuse est-elle donnée au nettoyage des *serènes*, et le double concours de l'eau et du feu est-il employé pour que tout germe de malpropreté disparaisse. Pour arriver à ce résultat, on frotte soigneusement, tous les jours, avant de les employer, les *serènes* avec des orties, et on les fait bouillir avec de l'eau dans un chaudron pendant une demi-heure : cette opération constitue le *nettoyage*; puis, pour acquérir la certitude que l'on a détruit tout germe de malpropreté qui aurait pu échapper au contact de l'eau, on fait sécher les *serènes* sur un feu de charbon modéré; cette dernière opération s'appelle *grillage*.

MORIÈRE.

(*Études sur le lait.*)

M. Morière est professeur d'agriculture à Caen. Il a publié des travaux très-instructifs sur l'agriculture normande.

LA CULTURE DES LANDES

L'expérience m'a prouvé que, pour réussir à transformer en culture des terres sous landes d'une certaine étendue, il fallait d'abord y créer une petite ferme bien complète, riche, placée autant que possible au centre des grands défrichements à faire; qu'il convenait de porter toutes ses forces, tous ses moyens d'exécution sur ce centre d'action, sans s'occuper d'abord du reste des terres, si ce n'est cependant pour en établir à l'avance sur le papier une division générale avantageuse, d'après certaines considérations.

Ce principe fondamental repose sur l'observation que j'ai souvent eu l'occasion de faire : qu'il est facile à un cultivateur de défricher à peu de frais et de mettre en cultures profitables une pièce de lande attenante à un domaine cultivé, et que le résultat de ce défrichement est toujours d'autant meilleur et d'autant plus assuré que l'exploitation, point de départ, est plus riche et mieux tenue.

C'est ainsi qu'en débutant dans mes travaux, je portai mes moyens exclusivement vers la création d'une ferme peu étendue, sur laquelle j'accumulai tous les engrais que je pus me procurer avec économie ; mes espérances de succès pour l'avenir reposaient sur l'augmentation successive des moyens dont je pourrais disposer plus tard pour fumer mes défrichements, car il faut être bien convaincu qu'on ne peut en faire utilement qu'à la condition de leur donner beaucoup d'engrais. Aussi tous mes soins, toutes mes ressources furent-ils employés à la production de cet auxiliaire indispensable. L'importance de son approvisionnement devait régler l'étendue de mes défrichements annuels. J'introduisis dans ma ferme un nombre de bestiaux suffisant pour la consommation des fourrages, dont elle devint comme une sorte de manufacture. Après cinq ans de travaux, je n'avais encore que 12 hectares environ de terres en culture; mais ces terres étaient aussi riches, aussi productives qu'elles pouvaient l'être. La grande difficulté de l'opération du défrichement était vaincue. Je les étendis chaque année à des surfaces plus vastes, toujours proportionnelles à la quantité d'engrais dont je disposais. Ma petite ferme s'agrandit ainsi successivement sans secousse, sans exiger l'emploi de capitaux considérables, sans risques de revers ; elle arriva finalement en moins de vingt ans à couvrir environ 150 hectares de terre, et ses cultures peuvent aujourd'hui soutenir avantageusement la comparaison avec les plus riches cantons du Morbihan.

L. TROCHU.

(*Création de la ferme de Bruté.*)

M. Trochu a créé à Belle-Isle-en-Mer (Morbihan) une grande et remarquable exploitation sur un terrain de landes. Cette belle ferme lui a valu la prime d'honneur du Morbihan.

LES ANIMAUX ONT BESOIN DE BOIRE

Chaque espèce domestique a besoin pour son alimentation, et dans ses conditions d'existence, d'une quantité déterminée d'eau, quantité qu'on peut qualifier de spéciale, et qui est dans un rapport sensiblement constant avec son poids et avec le poids de certains de ses autres aliments. Ce rapport peut être différent dans les grandes phases de l'existence des individus, sans cesser d'être le même pendant la durée d'une phase : il n'est changé que momentanément ou accidentellement par des causes externes ou internes d'une durée limitée, comme la chaleur ambiante, la sécheresse de l'air, le travail, l'exercice, les maladies, etc.

On pourrait penser d'abord que le besoin d'eau a quelque relation avec la quantité de ce liquide qui est contenue dans le sang. Cette présomption s'évanouit irrévocablement devant ce fait, que le sang des animaux domestiques en condition de santé renferme, chez quelques-uns, au plus 840 d'eau pour 1,000 de sang, et chez d'autres, pas moins de 768; que précisément les espèces dont le sang contient normalement le plus d'eau, sont de celles qui boivent le moins (la chèvre); celles dont il contient le moins sont de celles qui boivent le plus (le porc); enfin que les espèces qui boivent beaucoup et celles qui ne boivent pas du tout ne renferment dans leur sang qu'une quantité d'eau intermédiaire aux deux extrêmes indiquées.

J. ALLIBERT.

(*L'Art de formuler les rations.*)

M. Allibert est mort en 1866. Il était professeur de zootechnie à l'École impériale de Grignon. Ses connaissances en histoire naturelle étaient très-variées.

L'ADMINISTRATION D'UNE EXPLOITATION

Administrer une entreprise rurale, c'est mettre en mouvement, en utilisation, tout le personnel, tout le matériel, toutes les valeurs qui ont un rôle à jouer dans l'exploitation du sol; c'est présider à toutes les transformations du capital, constater les entrées et sorties, prévoir tous les besoins, faire en temps utile les achats, les ventes, les approvisionnements, surveiller les magasins, tenir enfin toutes choses en état d'emploi. Or, ce n'est que par une bonne organisation de diverses spécialités administratives, de divers services généraux, qu'on arrive à donner satisfaction à tous ces intérêts. Le nombre de ces services peut varier avec les circonstances. Les plus essentiels, ceux qui touchent aux grands intérêts administratifs de l'entreprise, sont le *personnel*, le *matériel*, l'*argent*, la *comptabilité*.

L'*administration* du personnel règle l'emploi du temps et détermine les fonctions de tous les agents.

L'*administration du matériel* règle l'emploi de toutes les valeurs mobilières, de tous les approvisionnements, de tout ce qui figure en entrée ou sortie de magasin. Par ses rapports extérieurs, elle embrasse tous les services qui consomment des denrées ou qui en produisent. Tels sont, notamment, les services du bétail et des cultures.

L'*administration financière* assure la régularité des dépenses et recettes pour les époques voulues.

Enfin, la *comptabilité* enregistre tous les mouvements de caisse, de magasin, de bestiaux, comme aussi tous les travaux d'attelages et de main-d'œuvre.

Sans une bonne comptabilité comme moyen de contrôle et de renseignements, pas de bonne administration. Si l'initiative des mesures d'exécution appartient à l'administration proprement dite, il est dans le rôle de la comptabilité d'enregistrer tous les faits accomplis, et par cette nécessité même des renseignements journaliers, d'imprimer à une entreprise ces habitudes de ponctualité, d'ordre, de bonne économie, qui sont le cachet des établissements où les chefs se rendent compte de tout.

E. LECOUTEUX.

(*Traité des entreprises de culture.*)

M. E. Lecouteux est ancien élève de l'École de Grignon, membre de la Société impériale et centrale d'agriculture de France, et rédacteur en chef du *Journal d'agriculture pratique.* Ses ouvrages sont lus avec un vif intérêt.

LES ORGANES DIGESTIFS DES ANIMAUX

Chez les divers animaux vertébrés, le développement du tube intestinal est en relation avec la durée du séjour que les aliments ou les résidus doivent faire dans l'appareil digestif après avoir passé dans l'estomac ; or, cette durée est en rapport avec l'utilisation plus ou moins complète des substances nutritives et avec la nature chimique et la cohésion de ces substances. Ce tube atteint le maximum de développement chez les mammifères et, parmi ceux-ci, chez les herbivores. Le tube intestinal du lion n'a que trois fois la longueur du corps ; chez le loup, la longueur de l'intestin est cinq fois la longueur du corps de l'animal ; chez les frugivores, la longueur est de six à neuf fois celle du corps, tandis que pour les herbivores elle atteint : chez le cheval, dix fois ; chez le chameau, douze ; chez la chèvre, dix-huit ; le bœuf, vingt-deux ; le mouton, vingt-huit fois environ la longueur du corps de chacun de ces animaux. Quant à l'homme, dont l'organisation démontre, comme tous les faits physiologiques, qu'il doit se nourrir de viande, de fruits féculents et sucrés et de légumes, le tube intestinal a en effet une longueur de six à sept fois celle du corps, développement intermédiaire entre celui qu'on observe, d'une part, chez les carnivores, et de l'autre, chez les herbivores.

A. Payen.

(*Les Substances alimentaires.*)

M. Payen est membre de l'Académie des sciences, professeur de chimie au Conservatoire des arts et métiers, et secrétaire perpétuel de la Société impériale et centrale d'agriculture de France.

STYLE DU DIX-SEPTIÈME SIÈCLE.

Le Théâtre d'agriculture ou mesnage des champs, que nous devons à Olivier de Serres, a été publié au commencement du dix-septième siècle. La lecture de cet important ouvrage présente parfois de grandes difficultés. C'est dans le but d'engager les jeunes gens qui aiment l'agriculture à lire ce précieux livre que j'ai cru utile d'en insérer ici un fragment. Cet extrait leur permettra d'avoir une idée du style du temps de Henri IV.

LES LIVRES D'AGRICULTURE.

Il y en a qui se mocquent de tous les livres d'Agriculture, et nous renvoyent aux paysans sans lettres, lesquels ils disent estre les seuls juges compétans de ceste matière, comme fondés sur l'expérience, seule et seure reigle de cultiver les champs. J'advoue avec eux, que de discourir du mesnage champestre[1] par les livres seulement, sans sçavoir l'usage particulier des lieux, c'est bastir en l'aer, et se morfondre par vaines et inutiles imaginations. J'entends assés qu'on apprend des bons et experts laboureurs le moyen de bien cultiver la terre : mais ceux qui nous renvoyent à eux seuls, me confesseront-ils pas, qu'entre les plus expérimentés, il y a divers jugemens? et que leur expérience ne peut-être bonne sans raison? Aura-on plustost recerché tous les cerveaux des paysans, et accordé leurs opinions, non seulement bien différentes, mais

[1] Mesnage champestre a pour synonyme administration d'un domaine.

bien souvent contraires, que de lire en un livre, la raison joincte avec la pratique, pour l'appliquer avec jugement, selon le suject, par l'aide et addresse de la science et de l'usage receuillis en un ? Ceste mesme raison sert-elle pas de livre au paysan ? Certes pour bien faire quelque chose, il la faut bien entendre premièrement. Il couste trop cher de refaire une besongne mal faicte, surtout en l'Agriculture, en laquelle on ne peut perdre les saisons sans grand dommage. Or qui se fie a une générale expérience, au seul rapport des laboureurs, sans sçavoir pourquoi, il est en danger de faire des fautes mal-réparables, et s'esgarer souvent à travers champs, sous le crédit de ses incertaines expériences : comme font les empiriques, lesquels alléguans de mesme l'expérience, prennent souventesfois le talon pour le cerveau, se servans d'une mesme emplatre à toutes maladies. Et qui ne void que l'expérience des laboureux non lettrés, est grandement aidée par la raison des doctes escrivains d'Agriculture ?

OLIVIER DE SERRES.

(*Le Mesnage des champs.*)

Olivier de Serres, seigneur de Pradel dans le Vivarais, dédia à Henri IV, en 1606, son *Théâtre d'agriculture ou mesnage des champs*. Il est mort en 1619, à l'âge de quatre-vingts ans. C'est lui qui a le plus contribué à la propagation de la culture du mûrier en France. On lui a élevé une statue à Villeneuve-de-Berg (Ardèche).

FIN

TABLE DES MATIÈRES

FIN DE LA TABLE

PARIS. — IMP. SIMON RAÇON ET COMP., RUE D'ERFURTH. 1

CATALOGUE

DE LA

LIBRAIRIE AGRICOLE

DE

LA MAISON RUSTIQUE

RUE JACOB, 26, A PARIS

PAR ORDRE DE MATIÈRES ET NOMS D'AUTEURS

AOUT 1867

CE CATALOGUE ANNULE LES CATALOGUES PRÉCÉDENTS

DÉSIGNATION DU CATALOGUE

AVIS IMPORTANT

Toute commande de livres publiés à Paris, si elle est faite par un abonné du *Journal d'agriculture pratique*, de la *Revue horticole* ou de la *Gazette du Village*, et accompagnée du prix de ces livres en un mandat sur Paris, ou, ce qui est plus sûr, en un bon de poste dont on garde la souche, qui sert de quittance, est expédiée sur tous les points de la *France*, de l'*Algérie*, de l'*Italie*, de la *Belgique* et de la *Suisse*, *franco*, au prix marqué dans les catalogues, c'est-à-dire au même prix qu'à Paris.

Les commandes de plus de 30 francs, faites dans les mêmes conditions, sont expédiées *franco* et sous déduction d'une *remise de dix pour cent*.

Quel que soit le chiffre de la commande, la remise est toujours de *dix pour cent* pour les abonnés, lorsque, au lieu d'expédier par la poste les ouvrages demandés, la *Librairie agricole* les livre au comptant à Paris.

Le catalogue de la *Librairie agricole* est expédié *franco* à toute personne qui en fait la demande *franco*.

On ne reçoit que les lettres affranchies.

AGRICULTURE — ÉCONOMIE RURALE

Alliot.

Maladies des végétaux (Origine des) et des animaux herbivores, moyens de les prévenir par le drainage, par Alliot, 92 p. in-8. 1 50

Almanach.

Almanach du Cultivateur, par les Rédacteurs de *la Maison rustique*. 192 pages in-18 et 85 gravures. . . . . » 50

Une nouvelle édition de cet almanach est publiée chaque année.

Annales.

Annales de l'Institut agronomique de Versailles. 1 vol. in-4 de 418 pages avec 4 planches 3 50

Barral et de Céris.

Bon Fermier (Le), par Barral, et pour les nouveautés, par de Céris. Aide-mémoire du Cultivateur; 1 volume in-12 de 1,495 pages et 100 gravures. . . . . 7 »

Ouvrage contenant : le calendrier détaillé — le tableau des foires de chaque département — des tables usuelles pour la détermination du poids du bétail et pour les principaux besoins de l'agriculture — les travaux agricoles de chaque mois pour toutes les parties de la France — les distilleries — féculeries — brasseries et autres industries annexées aux exploitations rurales — la mécanique agricole complète, avec description et gravure des meilleurs instruments aratoires, machines, etc.

Une nouvelle édition du *Bon Fermier* est publiée tous les ans, avec addition des nouveautés, par M. de Céris.

Bertin.

Statistique des subsistances (De la), par A. Bertin. 1 vol. in-12 de 96 pages. . . . . » 50

Bodin.

Agriculture (Éléments d'), par Bodin. 4e édition. 1 vol. in-18 de 360 pages. 1 75

Bonnier.

Statistique agricole et industrielle de l'arrondissement de Valenciennes, par Bonnier, juge de paix, président du Comice agricole de Condé. 1 vol. in-8 de 178 pages. 3 50

Cet ouvrage a été couronné par la Société impériale et centrale d'agriculture de France.

Borie (Victor).

Agriculture au coin du feu, par Victor Borie. 1 vol in-12 de 290 pages.. . . . . 3 »

Agriculture et liberté, par V. Borie, membre de la Société impériale et centrale d'agriculture de France. 1 vol. in-8 de 189 pages. . 1 »

Animaux de la ferme, par V. Borie (voir p. 17). L'Espèce bovine forme 20 livraisons renfermant chacune 2 ou 3 aquarelles et 16 pages de texte, gr. in-4°, édition de luxe. Prix des 20 livraisons. . 80 »
Le même ouvrage cartonné. . . . . 85 »
Le même ouvrage richement relié. . . . . 100 »

Calendrier agricole (LES DOUZE MOIS), par V. Borie. 1 vol. in-8 à 2 colonnes de 380 pages et 95 gravures. 3 50

Gazette du village, fondée par V. Borie, voir page 30.

Jeudis de M. Dulaurier (Les), cours élémentaire d'agriculture, par V. Borie. 2 vol. in-18 de chacun 144 pages et 62 gravures. . . 1 50
Le même ouvrage cartonné. . . . . 2 »

Travaux des champs, par V. Borie (Bibl. du Cultiv.), 188 pages et 121 grav. 1 25

BORTIER.

Desséchement des Moëres, par Cobergher, en 1622. Notice par Bortier. 8 p. in-8, portrait de Cobergher et carte des Moëres. 1 »

BOST.

Table décennale du Correspondant des justices de paix et des tribunaux de simple police, par Bost. 1 vol. in-8 de 184 pages. . . . . 4 »

BRETON.

Crédit agricole en France, par Breton. 100 pages in-8. . 1 »

Défrichement (Manuel théorique et pratique du), par Breton. 1 vol. in-8 de 400 pages. . . . . 4 »

Grains (Moyens infaillibles de prévenir la pénurie des) et leur cherté excessive en France, par Breton. In-8 de 32 pages. » 50

Assistance publique (L') et la bienfaisance au dix-neuvième siècle, par F. Breton. 1 vol. in-8 de 160 pages. 2 50

BUJAULT (Jacques).

Œuvres de Jacques Bujault. 3e édition. 1 vol. in-8 de 540 pages et 35 gravures. . . . . 6 »

CANCALON.

Histoire de l'agriculture, par Cancalon. 1 volume in-8 de 474 pages. . . . . 6 »

CARPENTIER.

Enseignement agricole (Entretien sur l') en France, par Carpentier. 1 brochure. » 40

CRISES, etc.

Crises agricoles (Les) dans l'abondance et la pénurie des grains; moyens infaillibles de les prévenir, par l'ancien rapporteur de la Commission du Crédit agricole au Congrès central d'agriculture dans la session de 1847; 1 brochure in-18 de 40 p. 3e édit. . . . . » 50

Dezeimeris.

Conseils aux agriculteurs sur l'art d'exploiter le sol avec profit, par Dezeimeris, ancien député. 3e édit. 1 vol. in-12 de 654 pag. 3 50

Dombasle (de).

Agriculture (Traité d'), par Mathieu de Dombasle. 5 vol.. 30 »

Annales de Roville, par Mathieu de Dombasle. 9 vol. in-8. 61 50

Calendrier du Bon Cultivateur, par Mathieu de Dombasle. 10e édition 1 vol. in-12 de 872 pages et 5 planches. 4 75

Écoles d'arts et métiers, par Mathieu de Dombasle. 1 brochure in-18 de 106 pages. . . . . 1 »

Économie politique et agricole, par Math. de Dombasle. 1 vol. in-18 de 194 pages. 1 50

Doyère.

Alucite des céréales, ses ravages et moyens de les faire cesser, par Doyère. 110 pages in-4, gravures et 3 planches. 3 50

Ensilage, par Doyère, professeur d'histoire naturelle à l'École centrale des arts et manufactures. In-8 de 48 pages. . . . . » 75

Dralet.

Taupier (Art du), par Dralet. 16e édition. In-12 de 66 pag. 1 »

Dreuille (de).

Métayage (Du) et des moyens de le remplacer, par le vicomte de Dreuille. 1 vol. in-18 de 104 pages. . . . . 1 »

Dugué.

Comptabilité agricole (Notions pratiques de), par Dugué. 1 brochure in-8 de 32 pages. 1 25

Durand-Lainé (A.).

Grammaire agricole, Cours d'agriculture professé à l'école de Voreppe (Isère), par A. Durand-Lainé. 1 vol. in-18 de 432 pages.. 2 50

Durrieux.

Monographie du paysan du département du Gers, par Alcée Durrieux. 1 vol. in-18 de 260 pages. 3 50

Enquête.

Agriculture française (Enquête sur l'), par une réunion de députés. 1 vol. in-8 de 244 pages. 2 50

Erath.

Houblon, par Erath, traduit par Nicklès. (Bibl. du Cultiv.). 136 pages et 22 gravures. 1 25

Estancelin.

Enquête (L') et la Crise agricole, lettre à M. le Ministre de l'agriculture ; par Estancelin. 1 brochure in-8 de 32 pages. . . . . 1 »

Falloux (Comte de).

Dix ans d'agriculture. Br. in-8, 47 pages . . . . 1 »

Flaxland.

Enquête agricole (Quelques considérations relatives à l'), dans les départements frontières du Nord-Est, par Flaxland . . . 1 »

Frilet.

Igname de la Chine (Notice sur la pomme de terre et l'), par Frilet. In-8 de 24 pages . . . . » 50

Gasparin (De).

Agriculture (Cours d'), par de Gasparin, membre de l'Académie des sciences, ancien ministre de l'agriculture. 6 vol. in-8 et 253 gr. . 39 50

Fermage (estimation, plan d'amélioration, baux), par de Gasparin, membre de l'Institut, ancien ministre de l'agriculture (Bibl. du Cultiv.). 3e édit. 216 pages 1 25

Métayage (contrat, effets, améliorations), par de Gasparin (Bibl. du Cult.). 2e édit. 166 pages 1 25

Safran (Culture du), par de Gasparin . . . . » 75

Gaucheron.

Économie agricole (Cours d' et de culture usuelle, par Gaucheron. 2 vol. in-18 . . . . 2 50

Girardin (J.).

Agriculture (Mélanges d'), par Girardin. 2 vol. in-12 . . . 10 »

Gourcy (De).

Voyage agricole en France, Allemagne, Hongrie, Bohême et Belgique, par le comte de Gourcy. 1 vol. in-12 de 432 pages 3 50

Goux (J.-B.).

Le sorcier, légende du chantier rural. In-18, 70 pages . . . . 1 »

Grousseau (De).

Comices (Manuel des), par de Grousseau, 1 brochure in-32 de 30 pages . . . . » 15

Guillon.

Agriculture provençale (Essai d'un traité d'), par Guillon 2 vol. in-18, ensemble de 300 pages . . . . 3 »

Agriculture provençale (Vade mecum de l'); par Guillon. 1 vol in-18, de 136 pages . . . . 2 »

Catéchisme de l'agriculteur provençal; par Guillon. 1 vol. in-18 de 52 pages . . . . 1 »

Gustave D.

Hanneton. Ses ravages, moyen de le détruire; par Gustave D. 1 brochure in-8 de 16 pages . . . . » 75

HEUZÉ.

Assolements et systèmes de culture; par Heuzé. 1 vol. in-8 de 536 pages avec nombreuses gravures sur bois. . . . . . . 9 »

Pavot (Culture du): par Heuzé. 1 vol. in-18 de 44 pages. . » 75

Plantes fourragères: par Heuzé, 3e édition. 1 vol. in-8 de 582 p. avec 42 vignettes sur bois et 20 gravures coloriées. . . . . . 10 »

Plantes industrielles: par Heuzé 2 vol. in-8 de 896 pages, avec des vignettes sur bois et 20 gravures coloriées. . . . . 18 »

JAMET.

Agriculture (Cours d') et chaulages de la Mayenne. 2e édition, par Jamet, président du comice de Craon, ancien représentant. 400 pages in-12. . . . . 3 50

JOIGNEAUX.

Causeries sur l'agriculture et l'horticulture; par P. Joigneaux. 1 vol. in-18 de 405 pages. 3 50

Champs et Prés (Les). par Joigneaux (Bibl. du Cultiv.). 140 pages. 1 25

Choux. Culture et emploi, par Joigneaux (Bibl. du Cultiv.). 1 vol. in-18 de 180 pages et 14 gravures. 1 25

JOUBERT.

Comptabilité agricole (Agenda de): par Joubert. In-4. 5 »

Sologne (Agriculture de la); par Ch. Joubert et Isaac Chevalier, cultivateurs. 1 vol. in-8 de 300 pages. . . . . 4 »

KAINDLER.

Coton en Algérie (Culture du): par Adolphe Kaindler. Une brochure in-18. . . . . 1 »

LARTET.

Colline de Sansan. Récapitulation des espèces d'animaux vertébrés fossiles trouvés à Sansan: par Lartet. 48 p. in-8 et 1 planche. 1 25

LATERRADE.

Grêle (Moyens d'en combattre les effets; par Laterrade. 1 brochure in-8 de 64 pages. 1 25

LAURENÇON.

Traité d'agriculture élémentaire et pratique à l'usage des écoles primaires, par C. Laurençon. 2 vol. in-18 avec nombreuses gravures. 1 50

Chaque volume séparé. 75

LAVELEYE.

Économie rurale. Essai sur l' de la Belgique; par Émile de Laveleye. 1 vol. in-18 de 304 pages. 3 50

LAVERGNE.

Agriculture des terrains pauvres; par Lavergne, ancien représentant du peuple. 1 vol in-18 de 200 pages. . . . . 3 »

LAVERGNE (DE).

Agriculture (L') et l'Enquête; par M. L. de Lavergne, brochure de 48 pages. . . . . 1 »

Agriculture et Population; par L. de Lavergne, membre de l'Institut. 1 vol. in-8 de 412 pages. 3 50

Économie rurale de la France depuis 1789; par L. de Lavergne, membre de l'Institut. 1 vol. in-12 de 490 pages. . . 3 50

Économie rurale (Essai sur l') de l'Angleterre, de l'Écosse et de l'Irlande; par L. de Lavergne. 5e édit. 1 vol. in-12. . . . . . 3 50

LECOQ.

Plantes fourragères (Traité des); par Henri Lecoq. 2e édition. 1 vol. in-8 de 518 pages et 40 gravures. 7 50

LECOUTEUX (E.).

Agriculture (L') et les élections de 1863. 64 p. in-8. 2 »

Blé (La Question du); par Ed. Lecouteux. Br. de 32 pages. 1 »

Culture améliorante (Principes de la); par E. Lecouteux, ancien directeur des cultures à l'Institut agronomique de Versailles. 3e édition. 1 vol. in-12 de 400 pages. 3 50

Culture (Traité des entreprises de grande), ou principes d'économie rurale; par E. Lecouteux. 2 vol. in-8, formant ensemble 1.136 pages. . . . . 15 »

LEFOUR.

Comptabilité et géométrie agricoles, par Lefour (Bibl. du Cultiv.). 214 p. et 104 grav. 1 25

Culture générale et instruments aratoires, par Lefour (Bibl. du Cultiv.) 1 vol. in-18 de 160 pages et 132 gravures. . . . 1 25

Problèmes agricoles (300); par Lefour. 1 brochure in-18 de 36 pages. . . . . » 50

LÉOUZON.

Enseignement agricole (Réforme de l'); par Louis Léouzon. 1 brochure in-8 de 28 pages. . . . . 1 »

LEPLAY.

Sorgho sucré (Culture du) comme plante industrielle et comme plante fourragère; par H. Leplay. 36 pages in-8. . . . . . . 1 »

LIEBIG (DE).

Lettres sur l'agriculture moderne, par le baron Justus de Liebig, traduites par le docteur Théodore Swarts. 1 volume in-18 de 244 pages. 3 50

LOUVEL.

Grains (Conservation des) au moyen du vide, par le docteur Louvel. . . . . » 75

LULLIN DE CHATEAUVIEUX.

Voyages agronomiques en France : par Lullin de Chateauvieux. 2 vol. in-8, formant ensemble 1031 pages. . . . . 10 »

LURIEU (DE).

Colonies agricoles (Études sur les) de mendiants, jeunes détenus, orphelins et enfants trouvés de Hollande, Suisse, Belgique, France; par de Lurieu et Romand, inspecteurs généraux des établissements de bienfaisance. 1 vol. in-8 de 462 pages. 7 50

MACHARD.

Prairies artificielles (Essai sur les) : Luzerne, Trèfle ordinaire, Trèfle printanier, et Sainfoin ou Esparcette ; par Machard. In-18. 1 »

MAGNIER.

Avenir de l'agriculture par l'enseignement agricole : par Magnier. 1 brochure. . . . . » 40

MARTINELLI.

Comices (Appel aux) : par J. Martinelli, 32 pages in-8. . . » 50

MARTRES.

Agriculture (L') du département des Landes devant l'enquête, et son amélioration par la culture de la vigne et du pin ; par Léon Martres. In-12 de 100 pages et table. . . . . » 75

MASURE.

Leçons élémentaires d'agriculture à l'usage des agriculteurs praticiens et destinées à l'enseignement agricole dans les écoles spéciales d'agriculture, dans les écoles normales primaires et dans les écoles communales.

Première partie : Les plantes de grande culture, leur organisation et leur alimentation. 1 vol. in-18 de 330 p. et 32 grav. 3 50

Deuxième partie (sous presse). 3 50

MÉHEUST (P.).

Économie rurale de la Bretagne : par P. Méheust. 1 vol. in-18 de 220 pages. 2 50

Économie rurale (Leçons publiques d') : par Méheust. 1 vol. in-18 de 68 pages. . . . . 1 »

MESNIL-MARIGNY (DE).

Céréales et la douane (Les) : par du Mesnil-Marigny, 1 vol. in-18 de 260 pages. . . . . 3 »

MOLL.

Inondations (Moyens de réparer les ravages des) : par Moll, professeur d'agriculture au Conservatoire. 10 pages in-4. » 50

Papier.

Tabacs en Algérie (Question des); par Papier. In-8 de 88 pages. . . . . 2 »

Paté (J.-B.).

Mes revers et mes succès en agriculture. 1 volume in-8 de 126 pages. . . . . 2 »

Petit-Laffitte.

Tabac (Culture du); par Petit-Laffitte. 104 pages in-12. . . 2 »

Rancy (Edmond de Granges de).

Comptabilité agricole (Traité de): par Ed. de Rancy, 2e édition. 1 vol. in-8 de 296 pages. . . . . 5 »

Registres.

Registres de comptabilité.

La main de 24 feuilles in-folio avec couverture. . . . . 2 »
— in-quarto — 1 25

Réunions, etc.

Réunions territoriales, création de chemins d'exploitation. Étude sur le morcellement en Lorraine; par F. P. 48 pages in-8. . » 75

Rigaut.

Statistique agricole du Canton de Wissembourg; par Rigaut, juge au tribunal de Wissembourg. 392 pages gr. in-4. . 15 »

Cet ouvrage a été couronné par la Société impériale et centrale d'agriculture et par l'Académie nationale agricole de Paris.

Rochussen.

Culture et fécondation artificielles des céréales, système Hooïbrenk; par Rochussen. 1 vol. in-8 de 54 pages, avec 3 planches. 1 50

Rondeau.

Crédit agricole (Projet de): par Rondeau, ancien représentant du peuple. 1 vol. in-18 de 256 pages . . . . 2 »

Royer.

Allemande (L'Agriculture), ses écoles, son organisation, ses mœurs et ses pratiques; par Royer, inspecteur général de l'agriculture. 1 vol. grand in-8 de 542 pages. 7 50

Statistique agricole de la France en 1843; par Royer. 1 vol. in-8 de 304 pages. . . . . 5 »

Saint-Aignan.

Crise agricole (La), prise de loin et vue de haut: par le comte de Saint-Aignan, membre de la Société impériale d'acclimatation. . . . . 1 »

SAINTOIN-LEROY.

Comptabilité agricole (Cours complet): par Saintoin-Leroy.

1° *Manuel de comptabilité agricole pratique*, en partie simple et en partie double, seconde édition, avec modèle des écritures d'une exploitation rurale pour une année entière. 1 vol. gr. in-8 et tableaux, de 176 p. . . . . 5 »

2° *Comptabilité-matières de l'agriculteur*, Complément du *Manuel de comptabilité agricole pratique*, suivie du *Livre du travail*, et d'une *Méthode abrégée de tenue des livres agricoles en partie simple*. 1 vol. gr. in-8 de 144 pages, avec nombreux tableaux. 4 »

3° *Comptabilité simplifiée, agricole et commerciale*, mise à la portée de la moyenne et de la petite culture, suivie de la *Comptabilité spéciale des marchands et des artisans*, à l'usage des écoles primaires de garçons et de filles. 1 vol. gr. in-8 et tableaux, de 96 pages. 2

Registres pour la grande et la moyenne culture.

Régistre-Mémorial de l'Agriculteur (comptabilité-matières), réunion de tous les tableaux nécessaires à la constatation de tous les faits d'une exploitation rurale. 1 vol. gr. in-4 oblong. 5 »

Livre de caisse (comptabilité-espèces), registre en tableaux. 1 vol. grand in-4° oblong. 5 50

Journal, registre en blanc réglé et folioté. 1 vol. gr. in-4 oblong. 2 50

Grand Livre, registre en blanc réglé et folioté. 1 vol. gr. in-4 oblong. . . 5 »

On peut joindre à ces registres des cahiers quadrillés pour la constatation journalière des travaux de main-d'œuvre, des attelages et de la nourriture du personnel.

1° Cahier quadrillé avec instruction et modèles de tableaux. 1 vol. petit in-4 oblong. . . . . 2 »

2° Cahier simplement quadrillé. 1 vol. petit in-4 oblong. 1 25

Agenda de poche du Cultivateur, petit cahier à joindre à tous les Agendas usuels, de 56 pages, format in-18; prix des dix exemplaires. 1 50

Registres pour la comptabilité simplifiée.

Registre unique du Cultivateur pour l'application de la Comptabilité simplifiée. 1 vol. petit in-4 oblong, de 100 pages. . . . . 2 »

Le même, moins fort, pour les écoles. . . . . » 60

Livre de caisse des Marchands. 1 vol. petit in-4 oblong. . . . . 2 »

Livre de caisse des Artisans. 1 vol. petit in-4 oblong. . . . . 2 »

Chaque volume ou registre se vend séparément.

SCHWERZ.

Agriculteur commençant (Manuel de l'), par Schwerz, traduit par Villeroy (Bibl. du Cultiv. 5e édit. 552 pages. 1 25

SERS (Louis).

Enquête agricole (L') dans le département des Basses-Pyrénées, en 1866, par Louis Sers. 1 vol, in-8 de 95 pages. 2 50

STOCKHARDT.

Ferme (La), Guide du jeune Fermier; par Stockhardt. 2 vol. in-18 formant ensemble 616 pages. . . . . 7 »

THOMAS (Ernest).

Halles et Marchés en gros (Manuel des), guide de l'approvisionneur de l'acheteur et des employés aux divers services de l'alimentation de Paris. 1 vol. in-18 de 516 pages. . . . . 5 »

Vigneral (De).

Agriculture (Manuel populaire d') à l'usage des cultivateurs d'Argentan; par de Vigneral. 92 pages in-8. . . . . 1 25

Vilmorin.

Sorgho sucré et Igname de Chine; par Vilmorin. 8 p. » 25

Young (Arthur).

Voyages en France pendant les années 1787, 1788, 1789; par Arthur Young, traduit par Lesage. 2 vol. in-18. . 7 »

AMENDEMENTS — ENGRAIS — CHIMIE — PHYSIQUE

Bobierre.

Atmosphère (L'), le sol, les engrais, par Bobierre. 1 vol. in-12 de 632 pages. . . . . 5 »

Noir animal (Le). Analyse, emploi, vente; par Bobierre (Bibl. du Cultiv.), 156 p. et 7 grav. 1 25

Bortier.

Coquilles animalisées, leur emploi en agriculture, par Bortier. . . . . 1 »

Cartier (J.).

Sels alcalins (De l'emploi des) en agriculture, par J. Cartier, ingénieur civil. 1 vol. in-8 de 133 pages. . . . . 2 »

Composts, etc.

Composts, fumiers, plâtre (Notice sur les), employés comme engrais. . . . . » 50

Fouquet.

Fumiers de ferme et composts; par Fouquet (Bibl. du Cult.). 2e édit., 176 p. et 19 grav. 1 25

Jauffret.

Nouvelle Méthode pour la fabrication économique des engrais; par Pierre J. Jauffret. 1 br. in-8 de 56 p. et 1 p. . 3 »

Heuzé.

Fumures (Formules des); par G. Heuzé. 1 brochure in-8 de 12 pages. . . . . 1 »

Matières fertilisantes; par Heuzé. 4e édition. 1 vol. in-8 de 708 pages. . . . . 9 »

Lefour.

Sol et engrais, par Lefour (Bibl. du Cultiv.). 180 p. et 50 gr. 1 25

Masure.

Marne et chaux employées en agriculture (Mémoire sur les avantages comparés), par Masure. 1 brochure in-8 de 108 pages. 1 50

Okorski.

Désinfection des villes. Engrais complet dit engrais atmosphérique; par Okorski. 1 brochure in-8, de 24 pages et 3 tableaux. . . . 1 »

Petit-Laffitte.

Études de terres arables; par Petit-Laffitte. 1 vol. in-18 de 160 pages. 1 50

Piérard.

Chaux (La), son emploi en agriculture; par Piérard, ingénieur en chef des mines. 36 pages in-12 . . . . » 75

Pierre.

Chimie agricole, par Isidore Pierre, professeur de chimie à la Faculté de Caen. 4e édition. 1 vol. in-12 de 560 pages et 23 grav. 4 »

Puvis.

Amendements (Traité des), par Puvis. 1 volume in-18 de 440 pages. 3 50

Ronna (A.).

Phosphates de chaux (Fabrication et emploi des) en Angleterre, par A. Ronna, ingénieur. 1 vol. in-18 de 162 pages. . . . . 1 »

Utilisation des eaux d'égout en Angleterre, Londres et Paris, par A. Ronna, ingénieur. 1 vol. in-8 de 132 pages et 5 grandes planches. . . . . 6 »

Sace.

Chimie agricole (Précis élémentaire de), par le docteur Sace. 2e édition. 1 vol. in-12 de 454 pages et 3 gravures. 3 50

Stockhardt.

Chimie usuelle appliquée à l'agriculture et à l'industrie, par Stockhardt, traduite par Brustlein. 1 volume in-18 de 524 pages et 225 gravures. 4 50

DRAINAGE — IRRIGATION — ÉTANGS — PISCICULTURE

Barral.

Drainage des terres arables, par Barral. 2e édition. 2 vol in-12 formant ensemble 960 pages et contenant 443 grav. et 9 pl. . . 7 »

Irrigations, engrais liquides et améliorations foncières permanentes, par Barral. 1 v. in-12 de 790 p. et 120 grav. . 7 50

Législation du drainage, des irrigations et autres améliorations foncières permanentes, par Barral. 1 vol. in-12 de 664 pages. . 7 50

Benoit.

Drainage (Système de), par Benoit. In-8, 24 pages et 1 pl. 1 »

Delacroix.

Drainage (Faits de), débit des terres drainées, position des plan d'eau souterrains, par Delacroix. 84 pages in-18 et 4 gravures. 1 25

DALLOZ.

Irrigations (Code des), suivi des rapports de MM. Dalloz et Passy, et de la législation étrangère, par Bertin, avocat, rédacteur en chef du journal *le Droit*. 1 vol. in-8 de 182 pages. . . . . 3 »

DANILEWSKI.

Coup d'œil sur les pêcheries en Russie, par C. Danilewski. Grand in-8 de 75 pages. 1 50

JEANDEL.

Inondations (Études expérimentales sur les), par Jeandel, ancien élève de l'École forestière. 1 vol. in-8 de 146 pages. . . 2 50

JOIGNEAUX.

Pisciculture et Culture des eaux, par Joigneaux. 1 vol. in-18 de 360 pages et 61 gravures. Prix. 3 50

LAMBOT-MIRAVAL.

Montagnes (Moyens de les reverdir par l'irrigation et de prévenir les inondations), par Lambot-Miraval. 66 pag. 2 »

LECLERC.

Drainage (Traité pratique de), par Leclerc, ingénieur, chef du service du drainage en Belgique. 1 vol. in-12 de 424 p. 130 gr. 3 50

MARTRES.

Drainage appliqué à l'agriculture des landes, par Martres. 70 p. 1 »

MIDY.

Drainage (Le) et l'Irrigation, par Midy. 27 pages in-8. . . 1 50

MONNY DE MORNAY.

Irrigations en Italie et en Allemagne (Législation des), par Monny de Mornay, chef de la division de l'agriculture au ministère de l'agriculture. 1 vol. in-8 de 166 pages. 3 50

MOULS.

Huîtres (Les), par l'abbé L. Mouls, curé d'Arcachon. 1 v. in-18. 1 25

MULLER (A.) ET VILLEROY (F.)

Manuel des irrigations, 2e édition revue et corrigée par les auteurs (*sous presse*.) 3 50

NIVIÈRE.

Drainage (Moyen d'obtenir du) tout son effet utile, par Nivière, ancien directeur de l'école de la Saulsaie. In-12 de 36 pages. . . » 75

PELLAULT.

Irrigations. Commentaire de la loi du 29 avril 1845, par Henri Pellault, docteur en droit. In-12 de 374 pages. 3 50

SERS.

Irrigation dans les contrées montagneuses, par Sers. Une brochure in-8 de 24 pages. . . . . » 75

THACKERAY.

Drainage (Philosophie et Art du), par Thackeray. 96 p. 2 50

VIGNOTTI.

Irrigations du Piémont et de la Lombardie, par Vignotti. 1 vol. in-18 de 94 pages. . . . . » 75

VILLEROY (F.)

Voir MULLER (A.) et VILLEROY (F.)

VIREBENT.

Drainage rendu facile, par Virebent. 40 p. in-8 et 3 pl. . 1 25

CONSTRUCTIONS, INSTRUMENTS, ARTS AGRICOLES

BONA.

Constructions rurales (Manuel des), par Bona. 3e édition. 1 vol. in-18 de 296 pages. 3 50

CASANOVA.

Charrue (Manuel de la), par Casanova. 1 vol. in-18 de 176 pages et 83 gravures. 1 75

DAMEY.

Machines à battre (Le conducteur de), par Damey. 1 vol. in-18 de 108 pages. 1 50

KERGORLAY (DE).

Ferme de Canisy, par de Kergorlay. 24 p. in-4 et 52 grav. 1 »

LEFOUR.

Constructions et mécaniques agricoles, par Lefour (Bibl. du Cultiv.). 216 p. et 151 gr. 1 25

MACHINES, etc.

Machines à moissonner. Rapport du jury sur le concours de 1859 64 pages grand in-8, 34 gravures. . . . . 1 »

PEPIN.

Labourage à vapeur, par Pepin-Lehalleur. . . . . » 50

PIOT.

Meulerie et meunerie, par Piot. 1 vol. in-8 de 370 pages et 12 gravures. . . . . 12 »

PLANET.

Machines à battre (La vérité sur les), par de Planet. 1 vol. in-18 de 256 pages. . . . . 2 »

SAINT-MARTIN.

Chemins ruraux (Des), par Saint-Martin. 1 brochure in-8 de 60 pages. . . . . 2 »

TOUAILLON.

Meunerie (La), la boulangerie, la biscuiterie, la vermicellerie, l'amidonnerie, la féculerie et la décortication des légumineuses, par Charles Touaillon fils, ingénieur, constructeur spécial de moulins, meules, etc. 1 vol. in-18 de 452 pages. . . . . 5 »

ANIMAUX DOMESTIQUES — MÉDECINE VETERINAIRE

BENION.

Chiens (Les). *Actuellement sous presse*

BORIE (Victor).

Animaux de la Ferme, par Victor Borie. — ESPÈCE BOVINE.

Cet ouvrage, qui est terminé, contient 46 aquarelles dessinées d'après nature, 65 gravures noires intercalées dans le texte et 332 pages de texte grand in-4 imprimées avec luxe.

Prix des 20 livraisons. . . . . 80 »
Le même ouvrage cartonné. . . . . 85 »
— richement relié. . . . . 100 »

DAIGNAUD.

Race bovine du Limousin (Amélioration de la), par Daignaud. 1 vol. in-18 de 106 pages. 1 50

DAMPIERRE (DE).

Races bovines, par de Dampierre (Bibl. du Cult.). 2ᵉ édit. 196 pages et 28 gravures. 1 25

DELAFOND.

Typhus de l'espèce bovine, par Delafond, professeur à l'École vétérinaire d'Alfort. 20 pages in-8 et 5 gravures. . . . . . . » 75

FLAXLAND (J.-F.).

Études sur l'élevage, l'entretien et l'amélioration de la race bovine en Alsace. 124 p. in-8. . . . . 2 »

GAYOT.

Bétail gras (Le) et les Concours d'animaux de boucherie, par Eugène Gayot. 1 vol. in-8 de 204 pages. 3 50

Cheval (Achat du), par Gayot (Bibl. du Cultiv.) 1 vol. de 216 pages et 25 grav.. . . . . 1 25

Chevaline (La France), par Eug. Gayot, ancien directeur des haras.

1ʳᵉ partie : *Institutions hippiques*, contenant l'histoire de l'administration des haras, étalons approuvés et autorisés, étalons départementaux, primes à la production et à l'élève ; courses au trot, au galop ; steeple-chases. 4 vol. in-8. . . . . 26 »

2ᵉ partie : *Études hippologiques* traitant de toutes les questions de science qui aboutissent à la production et à l'élève des chevaux. Étude physiologique de toutes les races du pays et de leurs transformations. 4 v. 26 »

Lièvres, Lapins et Léporides, par Eug. Gayot (Bibl. du Cultiv.), 216 p. et 46 grav. 1 25

Mouches et Vers. *Sous presse.*

Poules et Œufs, par E. Gayot (Bibl. du Cultiv.). 1 v. de 216 pag. 1 25

Sportsman (Guide du), ou traité de l'entraînement. 1 vol. in-18 de 376 pages avec 12 gravures, par E. Gayot. 4ᵉ édition. 3 50

GEOFFROY SAINT-HILAIRE.

Animaux utiles (Acclimatation et Domestication des), par I. Geoffroy Saint-Hilaire, Président de la Société d'acclimatation, 4ᵉ édition, 1 beau vol. in-8 de 534 pages et 47 gravures . . . . 9 »

GOUX.

Race bovine garonnaise, par Goux. 1 vol. in-8 de 80 pages. 1 50

HAYS (DU).

Cheval percheron, par du Hays (Bibl. du Cultiv.). 1 vol. de 176 pages. 1 25

Merlerault (Le), ses herbages, ses éleveurs, ses chevaux, par Charles du Hays. 1 vol. in-18 de 182 pages. . . . . 3 »

HEUZÉ (G.).

Porc (Le), par Gustave Heuzé, membre de la Société impériale et centrale d'agriculture de France. 1 volume in-12 de 334 pages avec 56 gravures. 3 50

JACQUE (Ch.).

Poulailler (Le), par Ch. Jacque, 2e édit. 1 vol. in-12 et 120 g. 3 50

JUILLET.

Chevaline (Émancipation de l'industrie), par Juillet. 1 brochure in-8 de 48 pages. 1 50

LAMORICIÈRE (Général de).

Chevaline (De l'espèce) en France, par le général de Lamoricière. 1 vol. in-4 de 312 pages et 3 cartes coloriées. 3 50

LEFOUR.

Animaux domestiques, par Lefour (Bibl. du Cultiv.). 1 vol. in-18 de 162 pages et 57 grav. 1 25

Cheval, Ane et Mulet, par Lefour (Bibl. du Cult.). 1 vol. de 182 p. et 300 gravures. 1 25

Mouton (Le), par Lefour, ancien inspecteur général de l'agriculture. 1 vol. in-18 de 390 p. et 76 grav. 3 50

Race flamande, par Lefour. 1 volume in-4 de 216 pages, avec 114 gravures noires et 4 planches coloriées. (Édition de l'Imprimerie impériale). . . . . 20 »

MAGNE.

Vaches laitières (Choix des), par Magne (Bibl. du Cultiv.). 144 pages et 39 gravures. 1 25

MILLET-ROBINET (Mme).

Basse-cour, pigeons et lapins, par Mme Millet (Bibl. du Cultiv.). 4e édit. 180 pages et 31 gravures. 1 25

PEILLARD.

Fer élastique (Le). Ferrure physiologique, par C. Peillard. 1 vol. in-12 de 130 p. et 30 grav. . . . . 2 »

RAUCH.

Vétérinaires (Nécessité d'encourager l'établissement des) dans les campagnes. 36 p. in-18, par Rauch . . . . . . » 50

SAIVE (DE).

Inoculation du bétail pour prévenir la péripneumonie, par le docteur de Saive. 100 pages in-8. . . . . 2 50

SALLE.

Méthode pratique pour aider à la connaissance rapide de l'âge du cheval, par Salle, vétérinaire militaire. Tableau circulaire mobile, cartonné. 5 »

SANSON.

Bétail (Économie du), par Sanson. 4 vol. in-18 et plus de 150 grav. Prix de chaque volume. 3 50

1er VOL. — Organisation et fonctions physiologiques, hygiène.
2e VOL. — Principes généraux de la zootechnie.
3e VOL. — Applications : cheval, âne, mulet.
4e VOL. — Applications : bœuf, mouton, chèvre, porc.

Chaque volume se vend séparément.

Médecine vétérinaire (Notions usuelles de), par Sanson (Bibl. du Cultiv.). 1 vol. de 180 pages. 1 25

SEGOUIN.

Lapins (Nouveau traité pratique de l'éducation des diverses espèces de), par Segouin. 58 pages in-12. . . . . . » 50

TISSERAND.

Vaches laitières (Guide des propriétaires dans le choix des), par Eug. Tisserand. Deuxième édition. 1 vol. in-18 de 396 pages et 19 gravures. . . . . 4 »

VERHEYEN.

Médecine vétérinaire (Manuel de), par Verheyen. 2 volumes de 392 pages. 2 50

VIAL.

Engraissement du bœuf, par Vial (Bibl. du Cultiv.). 1 vol. in-18 de 180 pages et 12 gravures. 1 25

VIAL (A.).

Traité d'hippologie. Connaissance pratique du cheval, par A. Vial. 1 vol. in-8 de 319 pages et 73 gravures. 7 50

VILLEROY.

Bêtes à cornes (Manuel de l'Éleveur de), par Villeroy (Bibl. du Cultiv.). 300 pages et 60 gravures. 1 25

Bêtes à laines (Manuel de l'Éleveur de), par F. Villeroy, cultivateur au Rittershof (Bavière rhénane). 1 v. de 335 p. et 54 gr. 3 50

Chevaux (Manuel de l'éleveur de), par Félix Villeroy. 2 vol. in-8 avec 121 gravures. (Types des principales races.) . . . . 12 »

ARBORICULTURE — HORTICULTURE — BOTANIQUE

Almanach du Jardinier, par les rédacteurs de *la Maison rustique*. 192 pages et 70 gravures. » 50

Une nouvelle édition de cet Almanach est publiée chaque année.

ANDRÉ.

Plantes de terre de bruyère. Rhododendrons, Azalées, Camellias, Bruyères, Ipacris, etc.; par Ed. André. 1 vol. in-18 de 388 pages avec 50 gravures. 3 50

BARON.

Arbres fruitiers (Nouveaux principes de la taille des), par Baron. 1 vol. in-8 de 142 pages et 25 gravures. 3 50

BENGY-PUYVALLÉE (DE).

Pêcher (Culture du), par Bengy-Puyvallée. 2e édition. 1 volume in-18. . . . . 3 50

BERLÈSE.

Camellia, par l'abbé Berlèse. 3e édition. Culture et description de 180 variétés nouvelles. 1 vol. in-8 de 340 pages. . . . . 5 »

BONCENNE.

Jardinage pour tous (Traité de), par Boncenne. 2e édition. 1 v. in-12 de 440 pages. 2 50

Horticulture (Cours élémentaire d'), par Boncenne. 2 vol. in-18, formant ensemble 312 pages avec 85 gravures (Bibl. des Écoles rurales). 1 50

BON JARDINIER (LE).

Bon Jardinier (Le), par POITEAU, VILMORIN, BAILLY, DECAISNE, NEUMANN, PÉPIN. 1,650 pages in-12. . . . . 7 »

PRINCIPAUX CHAPITRES DU BON JARDINIER

Calendrier du jardinier.
Notions de botanique.
Chimie et physique horticoles.
Bâches, couches.
Serres, abris.
Multiplication des plantes.
Maladies, animaux nuisibles.
Arbres fruitiers et taille.
Plantes potagères.
— médicinales.
— de grande culture.
Division des plantes par famille.
Plantes de pleine terre.
Dictionnaire de toutes les plantes, arbres et arbustes connus jusqu'à ce jour avec leur description, le nom de la famille à laquelle ils appartiennent, l'époque des semis, de la floraison; leur culture et leur emploi dans les jardins.
Ce dictionnaire contient le nom vulgaire et scientifique de chaque plante.

Une nouvelle édition du *Bon Jardinier* est publiée chaque année.

Cet ouvrage a été couronné par la Société impériale d'horticulture.

Bon Jardinier (Gravures du). 22e édit. 1 vol. in-12 de 648 pag. avec 680 grav. et planches. . . . . 7 »

CONTENANT

1° Principes de botanique.
2° Principes de jardinage, manière de tailler, marcotter, greffer, disposer et former les arbres fruitiers.
3° Construction et chauffage des serres.
4° Instruments et outils de jardinage.
5° Composition et ornements des jardins.
6° Hydroplasie.

BOSSIN.

Reine-Marguerite et ses variétés, par Bossin. In-12 de 48 p. » 50

BRAVY.

Arbres fruitiers (Culture des), par Bravy. 2e éd. 80 p. in-12. » 75

CARRIÈRE.

Arbre généalogique du groupe pêcher. 1 v. in-8. 104 p. 5 »

Entretiens familiers sur l'horticulture, par Carrière. 1 vol. in-12 de 584 pages. 3 50

Jardinier-Multiplicateur (Guide pratique du) ou art de propager les végétaux par semis, boutures, greffes, etc., par E.-A. Carrière. 2e édition. 1 vol. in-18 de 416 pages et 85 gravures. . . . 3 50

Pépinières, par Carrière (Bibl. du Jard.). 148 pages et 30 grav. 1 25

Production et fixation des variétés dans les végétaux, par Carrière. 1 vol. in-8 à 2 colonnes de 72 pages avec 13 gravures sur bois et 2 planches coloriées. 2 50

Traité général des Conifères, ou description de toutes les espèces et variétés de ce genre aujourd'hui connues, avec leur synonymie, l'indication des procédés de culture et de multiplication qu'il convient de leur appliquer, par E. Carrière. Nouvelle édition. 2 vol. in-8, ensemble de 910 pages. . . . . 20 »

CÉRIS (DE).

Jardins et parcs, par de Céris (Bibl. du Jard.). 1 vol. in-18 avec 60 gravures. 1 25

DUMAS.

Culture maraîchère dans le Midi de la France, par Dumas. 1 vol. in-18 de 120 pages. 1 25

Calendrier horticole pour le Midi de la France. Taille précoce des arbres fruitiers et de la vigne, son avantage contre les gelées tardives sous le rapport de la fructification, par A. Dumas. In-12 de 80 pages. . . . . 1 »

DUVILLERS.

Parcs et jardins (Les), créés et exécutés par F. Duvillers, architecte paysagiste, paraissant par livraisons de deux planches in folio avec texte. Prix de chaque livraison. . . . . 5 »

GAUDRY.

Arboriculture (Cours pratique d'), par Gaudry. 1 vol. in-12 de 304 pages. 2 25

GRIN.

Le pincement court ou pincement des feuilles. Méthode de direction des arbres et notamment du pêcher. In-8 de 62 pages. 1 »

HARDY.

Arbres fruitiers (Taille et Greffe des), par Hardy. 6e édition. 1 vol. in-8 et 122 gravures. 5 50

HÉRINCQ

Plantes, Arbres et Arbustes (Manuel général des). Description et culture de 25,000 plantes indigènes d'Europe ou cultivées dans les serres, par MM. Hérincq et Jacques, ex-jardiniers en chef du domaine royal de Neuilly, pour les trois premiers volumes, et Duchartre, pour le quatrième volume. — 4 vol. petit in-8 à 2 colonnes. . . . . . 36 »

HUARD DU PLESSIS.

Noyer (Le). — *Sous presse.*

JACQUIN.

Melon (Monographie complète du), par Jacquin aîné. 1 vol. in-8 de 200 pages et 33 planches sur acier. Prix. . . . . 5 »

JAMIN et DURAND.

Catalogue raisonné des arbres fruitiers, cultivés chez Jamin et Durand. 56 pages in-8. . . . . 1 50

JARDINS, etc.

Jardins (Traité de la composition et de l'ornementation des). 6e édition. 2 vol. in-4 oblong avec 168 planches gravées. 25 »

P. JOIGNEAUX.

Conférences sur le jardinage (légumes et fruits). 2e édit., par Joigneaux (Bibl. du Jard.). 152 pages. 1 25

Le jardin potager, par P. Joigneaux, ouvrage illustré de 95 dessins en couleur, intercalés dans le texte. 1 beau vol. in-18 de 442 pages. . . . . 6 »

LABOURET.

Cactées (Monographie de la famille des), suivie d'un **Traité complet de culture** et d'une table alphabétique de toutes les espèces et variétés, par Labouret. 1 vol. in-12 de 732 pages.. . . 7 50

Cet ouvrage a été couronné par la Société impériale d'horticulture.

LACHAUME.

Pêchers en espaliers (Conduite et taille des), par Lachaume. 1 vol. in-18 de 212 pages et 40 gravures. . . . . 2 »

Poiriers et Pommiers (Méthode élémentaire pour tailler et conduire les), par Lachaume. 1 volume in-18 de 285 pages et 49 gravures. 2 50

LAHAYE.

Maladies organiques des arbres fruitiers, des causes et des moyens de les prévenir, par Lahaye. 1 br. in-8 de 44 pages.. . 1 50

LEBOIS.

Chrysanthème (Culture du), par Lebois. 36 pages in-12.. » 75

LECOQ.

Botanique populaire, par Henri Lecoq, professeur à la Faculté des sciences de Clermont-Ferrand. 1 vol in-18 de 408 p. et 215 grav. 3 50

Fécondation naturelle et artificielle des végétaux et hybridation, par Henri Lecoq. 1 vol. in-8 de 428 pages et 106 gravures. 7 50

LE MAOUT.

Flore élémentaire des Jardins et des Champs, avec des Clefs analytiques conduisant promptement à la détermination des Familles et des Genres, et un Vocabulaire des termes techniques; par Le Maout et Decaisne, de l'Institut, professeur de culture au Jardin des Plantes de Paris. 2 vol. petit in-8 de 940 pages. . . . . 9 »

LEROY (André).

Catalogue de André Leroy (d'Angers). 1 v. in-8 de 140 p. 1 »

LIRON (DE) D'AIROLLES.

Catalogue des arbres à fruits, cultivés dans les pépinières des CHARTREUX de Paris, en 1775. 1 brochure in-18 de 82 pages, publiée par de Liron d'Airolles. . . . . 2 »

Poiriers (**Les**) les plus précieux parmi ceux qui peuvent être cultivés à haute tige; par de Liron d'Airolles. 2e édit. 1 vol. in-8 avec pl. 2 »

LOISEL.

Asperge. Culture, par Loisel (Bibl. du Jard.). 2e édition. 108 pages et 8 gravures. 1 25

Melon. Culture, par Loisel (Bibl. du Jard.). 5e édition. 108 pages et 7 gravures. 1 25

MARX-LEPELLETIER.

Rosier — Violette — Pensée — Primevère — Auricule — Balsamine — Pétunia — Pivoine, par Marx-Lepelletier. (Bibl. du Jard.) 108 pages. 1 25

MENET.

Arboriculture (**Traité élémentaire et pratique d'**), par Menet. 1 vol. in-8 de 78 pages et 17 planches. 2 50

MOREL.

Orchidées (**Culture des**). Instructions sur leur récolte, expédition et mise en végétation, et liste descriptive de 550 espèces et variétés, par Morel, vice-président de la Société impériale d'horticulture. 1 v. 5 »

NAUDIN.

Potager (**Le**), jardin du cultivateur, par Naudin (Bibl. du Jardinier). 187 pages, 31 gravures. 1 25

Serres et Orangeries de plein air; par Ch. Naudin, 32 pages in-8. . . . . » 75

NEUMANN.

Serres (**Art de construire et de gouverner les**); par Neumann. 1 volume in-4 oblong, renfermant 83 planches. 7

NOISETTE.

Jardinier (**Manuel complet du**); par Louis Noisette. 4 vol. in-8 et un supplément formant ensemble 2170 pages et 25 planches. 25 »

PIROLLE.

Dahlia, par Pirolle (Bibl. du Jard.). 1 vol. in-18 de 148 pages. 1 25

PONSORT (DE)

Pensée (**Culture de la**); par le baron de Ponsort (Bibl. du Jard.). 1 volume de 108 pages. 1 25

PRÉCLAIRE.

Arboriculture (**Traité théorique et pratique d'**); par Préclaire. 1 vol. in-8 de 178 pages et 1 atlas in-4 de 15 planches. . 5 »

PUVIS.

Arbres fruitiers. Taille et mise à fruit; par Puvis. (Bibl. du Jard.) 2e édit. 167 pages. 1 25

PUYDT (DE).

Plantes de serre froide; par de Puydt (Bibl. du Jard.). 157 pages et 15 gravures. 1 25

RAFARIN.

Serres (Chauffage des); par Rafarin. 1 vol. in-8, 26 grav. 3 50

RAOUL.

Arboriculture (Manuel pratique d'); par l'abbé Raoul. 1 vol. in-18 de 264 pages et 10 gravures. 2 50

RÉMY.

Champignons et Truffes; par Jules Rémy. 1 vol. in-18 de 172 pages et 12 planches coloriées. 3 50

Jardinier des fenêtres (Le), des appartements et des petits jardins; par J. Rémy. 1 v. in-18 de 280 pages et 40 gravures. 4e édition 3 50

ROBAUX.

Indicateur horticole à l'usage des amateurs et des jardiniers; par Robaux. 1 brochure in-8. . . . . 1 »

ROBIN.

Végétaux (Rôle de l'oxygène dans la respiration et la vie des); par Edouard Robin. 60 pages in-8. . . . . 1 50

THIBAUT.

Pelargonium, par Thibaut (Bibliothèque du Jardinier), 2e édit. 108 p. et 10 gr. 1 25

THORY.

Rosier (Prodrome de la monographie du genre); par Thory. 1 volume in-12 de 190 pages. 1 25

VIGNE — BOISSONS — DISTILLATION — SUCRE

CARRIÈRE.

Vigne (La); par Carrière. 1 vol. in-18 de 396 p. et 121 grav. 3 50

PRINCIPAUX CHAPITRES

Multiplication de la vigne.
Culture et plantation.
Taille et conduite de la vigne.
Restauration des vieilles vignes.
Engrais, labours, soufrage.
Des cépages.

CLÉMENT PRILER.

Étude sur la viticulture et sur la vinification dans le département de la Charente. In-8 de 165 pages. . . 2 »

COLLIGNON D'ANCY.

Vigne. Nouveau mode de culture et d'échalassement; par Collignon d'Ancy. 1 vol. in-8 de 200 pages et 3 planches. . . . . . 3 »

GARNIER.

Vigne (Théorie pour l'amélioration de la culture de la) par Garnier. 1 vol. in-8 de 192 pages. 2

Guyot (Jules).

Vigne (Culture de la) et Vinification; par le Dr Jules Guyot. 2e édition. 1 volume in-12 de 426 pages et 30 gravures. . . . 3 50

Viticulture dans la Charente-Inférieure; par le docteur Guyot. 1 volume in-8 de 60 pages. 2 50

Viticulture dans l'est de la France; par le docteur Guyot. 1 volume in-18 de 204 pages et 46 gravures. 3 50

Viticulture du sud-ouest de la France; par le docteur Guyot. 1 volume in-8 de 248 pages et 89 gravures. 4 50

Jobard-Bussy.

Vigne (Perfectionnement de la plantation de la); par Jobard-Bussy, 1 volume in-8 de 102 pages et 1 planche. 1 50

Laliman.

Vigne (Taille de la) à cordons; vignes et vins étrangers; par Laliman, 1 brochure in-8 de 32 pages. 1 25

Leusse (De).

Distillation agricole de la pomme de terre, des topinambours, etc., etc., par le comte de Leusse. 1 vol. in-18 de 154 pages. . . . . 2 »

Machard.

Vins (Traité pratique sur les); par Machard. 4e édition. 1 vol. in-18 de 359 pages. 3 50

Michaux (A.).

Échalas (Plus d'). Échalas, paisseaux et lattes remplacés par des lignes de fil de fer mobiles; par A. Michaux, de l'Institut. 18 pages et 1 planche... . . . . » 40

Odart.

Ampélographie universelle, ou Traité des cépages les plus estimés; par le comte Odart. 5e édit. 1 vol. in-8 de 650 pages. . 7 50

Vigneron (Manuel du); par le comte Odart. 3e édition. 1 vol. in-12 de 360 pages. 4 50

Robinet (fils).

Vins (Manuel pratique et élémentaire d'analyse des); par Ed. Robinet fils. 1 vol. in-8 de 156 pages et 2 planches. . 3 »

Seillan.

Vins du Gers; par Seillan. 11 pages in-4 et 1 carte. . . . . 1 »

Terrel des Chênes.

Vins (Pourquoi nos) dégénèrent; par Terrel des Chênes, 1 brochure in-8 de 48 pages. . . . . 1 »

VERGNE (DE LA).

Soufrage de la vigne (Instruction pratique sur le), par de la Vergne. 1 vol. in-18 de 82 pages et 1 planche 1 50

VERGNETTE-LAMOTTE.

Vin (Le) ; par de Vergnette-Lamotte, correspondant de l'Institut. 1 vol. in-18 de 384 pages avec 5 planches en couleur et 29 gr. noires. 3 50

PRINCIPAUX CHAPITRES

Vendange. Fermentation.
Remplissage des vins nouveaux.
Amélioration des moûts.
Sucrage de la vendange.
Vinage des vins. Coupage des vins.
Alcoolométrie. Collage des vins. Fermentation des vins au tonneau.
Des caves. Soins que demandent les vins vieux.
Action du froid sur les vins.
Congélation des vins.
Tirage en bouteilles des grands vins et des vins ordinaires.
Maladies des vins.
Amertume des vins.
Examen des dépôts des vins.
Maladie des vins en bouteilles.
Amertume des vins vieux.
Chauffage des vins.
Théorie et effet du chauffage.
Pratique du chauffage.

VIGNIAL.

Vigne (Hygiène de la) ; par Vignial. Moyen de lui rendre la santé sans le secours d'aucun remède. 1 br. in-8 de 16 p. et 3 pl. . 1 »

ABEILLES — MURIERS — SOIE — VERS A SOIE

BLAIN.

Ver à soie du chêne (Notice pratique pour servir à l'éducation du) ; par Blain. 1 brochure in-18 de 20 pages. . 1 »

BOULLENOIS (DE).

Vers à soie (Conseils aux nouveaux éducateurs de) ; par de Boullenois. 2e édit. 1 vol. in-8 de 224 pages et 2 planches. 3 50

BOYER et LABAUME.

Mûrier (Culture du) ; par Boyer et Labaume. 150 p., 3 pl. . 3

CHABOD.

Magnanerie (La petite), ou Manuel de l'éducation pratique et raisonnée des vers à soie ; par Chabod fils. 1 br. in-18 de 48 p.. . 1 25

CHARREL.

Mûrier (Manuel du cultivateur de) ; par Charrel, pépiniériste, commissaire-instructeur à la culture du mûrier, désigné par la Société d'agriculture de Grenoble. 1 vol. in-8 de 268 pages. 1 75

CHAVANNES (DE).

Mûrier. Manière de cultiver le mûrier avec succès dans le centre de la France ; par de Chavannes. 1 vol. in-8 de 130 pages. 1 25

DEBEAUVOYS.

Apiculteur (Guide de l') ; par Debeauvoys. 6e édition. 1 vol. in-12 de 540 pages, avec figures. 2 50

Duseigneur.

Cocons et Graines d'Italie : par Duseigneur. 16 pag. in-8. 1 »

Givelet.

Ailante et son bombyx (L'). Culture de l'ailante, éducation du ver que cet arbre nourrit, valeur et emploi de la soie qu'on en tire, par Henri Givelet. Ouvrage orné de plusieurs plans et de 14 planches coloriées. . . . . 10 »

Guérin-Menneville.

Muscardine ; par Guérin-Menneville. In-8 de 186 pages. . . . 5 »

Vers à soie (Maladies et amélioration des races de) : par Guérin-Menneville. 32 pages in-18. . . . . 1 »

Masquard (E. de).

Maladies des vers à soie. par M. E. de Masquard (*sous presse*). 5 50

Personnat.

Ver à soie du chêne (Conférence sur le). (Bombyx Yama-maï); par Camille Personnat, donnée au Palais de l'Industrie de Paris, le 28 août 1865. . . . . 1 »

Ver à soie du chêne (Le). bombyx Yama-Maï, son histoire, son acclimatation, son éducation, ses produits; par Camille Personnat. 1 vol. in-8 avec 3 planches coloriées. . . . . 5 »

Roux.

Vers à soie (Les) : par J.-F. Roux. 1 vol. in-12 de 245 pages. 1 25

Sagot.

Petit traité spécial de la culture des abeilles avec l'aumonière ruche à cadres et greniers mobiles, par l'abbé Sagot. In-18, fig. 1 »

Société séricicole.

Société séricicole (Annales de la), pour la propagation et l'amélioration de l'industrie de la soie. 15 volumes grand in-8 et 15 planches.

La collection complète. 175 »

BOIS — FORÊTS — CHARBON

Arbois de Jubainville.

Assolements forestiers (Utilité des) : par d'Arbois de Jubainville. 1 brochure in-8 de 48 pages . . . . 2 »

Balivage (Règlement du) dans une forêt particulière ; par d'Arbois de Jubainville. 1 brochure in-8 de 64 pages. . . . . 2 »

Défrichement des forêts (Manuel du) ; par d'Arbois de Jubainville. 1 vol. in-8 de 184 pages. 4 50

Burger.

Chêne de marine (Principes de culture du) : par Burger. 1 brochure in-8 de 64 pages. 1 50

CLAVÉ.

Économie forestière (Études sur l') ; par Jules Clavé. 1 vol. in-18 de 380 pages. 3 50

COURVAL (DE).

Arbres forestiers (Conduite et taille des) ; par le vicomte de Courval. 1 brochure in-8 de 110 pages et 15 planches. . . . . 3 »

DUBOIS.

Charrue forestière, travaux de reboisement exécutés dans le Blésois ; par Dubois. 1 brochure in-8 de 84 p. . 2 »

Futaies de chêne (Considérations culturales sur les) ; par Dubois. 1 brochure in-8 de 42 pages. 1 50

GRANDVAUX.

Reboisement des montagnes de France ; par Grandvaux. 1 volume in-8 de 50 pages. . . . . » 75

GURNAUD.

Bois de l'État et la dette publique (Les) ; par Gurnaud. 1 brochure de 16 pages. » 75

Forêts de l'État (Conserver les) et réaliser le matériel surabondant ; par Gurnaud. 1 brochure in-8 de 64 pages. . . . . . . 2 »

Forêts (Mémoire sur la gestion des) ; par Gurnaud. 1 brochure in-8 de 32 pages. 1 50

JOUBERT.

Reboisement de la France (Du) ; par Joubert. In-8. . . 1 50

MOITRIER.

Osier (Culture de l') et art du vannier ; par Moitrier. 60 pages et 4 planches. . . . . 2 »

NANQUETTE.

Cours d'aménagement des forêts, professé à l'École impériale forestière, par H. Nanquette. 1 volume in-8 de 327 pages. . . 6 »

RIBBE (DE).

Provence (La), au point de vue du bois, des torrents et des inondations ; par de Ribbe. 1 vol. in-8 de 200 pages. . . . . . . 5 »

ROUSSET.

Études de maître Pierre sur l'agriculture et les forêts ; par Antonin Rousset. 1 volume in-18 de 92 pages. . . . . . 1 »

SAMANOS.

Pin maritime (Culture du) ; par Eloi Samanos. 1 volume in-8 de 150 pages et 4 planches. . . . . 5 »

THOMAS.

Bois (Traité général de la culture et de l'exploitation des) ; par Thomas. 2 volumes in-8. . . . . 10 »

ÉCONOMIE DOMESTIQUE — CUISINE

Bréviaire des gastronomes. Aide-mémoire pour ordonner les repas. 1 volume in-16 cartonné de 186 p. . . . . 2 »

Cuisinière de la campagne et de la ville (La); par L. E. A. 1 volume in-12 avec figures. 42e édition. . . . . 3 »

DELAMARRE.

Vie à bon marché (La); par Delamarre, député de la Somme. Le pain, la viande, les transports. 2e édit. 1 vol. in-12 de 708 p., 3 50

LECLERC.

Caisse d'épargne et de prévoyance. Lettres à un jeune laboureur par Louis Leclerc. 3e édition. In-12 de 60 pages. . . . . » 25

MARTIN (DE).

Fromages (Études sur la fabrication des), fermentation caséique. Grand in-8 de 60 pages. 1 50

MILLET-ROBINET (Mme).

Bon domestique (Le); par Mme Millet-Robinet. 1 volume in-12 de 204 pages. 2 »

Conseils aux Jeunes Femmes; par Mme Millet-Robinet. 1 vol. in-18 de 284 pages et 30 gravures 3 50

Économie domestique; par Mme Millet-Robinet. (Bibl. du Cultiv.). 3e édition. 245 pages et 78 gravures. 1 25

Maison rustique des Dames; par Mme Millet-Robinet. 2 volumes in-12, avec 250 gravures, 6e édition. 7 75

Cet ouvrage est divisé en quatre parties :

TENUE DU MÉNAGE	MÉDECINE DOMESTIQUE
Travaux — Repas.	Pharmacie — Hygiène.
Comptabilité — Dépenses.	Maladies des enfants.
Mobilier — Linge.	Médecine et Chirurgie.
Conserves — Blanchissage.	Empoisonnement — Asphyxie.
CUISINE	**JARDIN — FERME**
Potages — Sauces.	Jardins, Potagers, Fruitiers, Fleurs, etc
Viandes — Poissons — Gibier.	Ferme, Travaux des champs.
Légumes — Fruits — Purées.	Basse-cour, Vacherie, Laiterie.
Entremets — Desserts — Bonbons.	Bergerie, Porcherie.

VACCA (E.).

Fromages dits de géromé (Fabrication des); par E. Vacca, professeur de chimie. Brochure in-8. . . . . » 50

VILLEROY.

Laiterie, Beurre et Fromages; par Villeroy. 1 volume in-18 de 390 pages et 59 gravures. 3 50

JOURNAUX — PUBLICATIONS PÉRIODIQUES

GAZETTE DU VILLAGE

Fondée par M. VICTOR BORIE

PARAISSANT TOUS LES DIMANCHES

Prix d'abonnement, rendu *franco* à domicile : un an. . . 6 fr.
— — six mois. . 3 fr. 50

10 centimes le numéro

Ce journal, contenant 8 pages à deux colonnes, format des journaux littéraires illustrés, publie, chaque semaine, des articles ayant pour but de mettre à la portée de toutes les intelligences les notions élémentaires d'économie rurale, les meilleures méthodes de culture, les inventions nouvelles; de faire connaître les principales industries et les procédés employés par elles; de populariser les voyages entrepris dans des contrées lointaines; de raconter la vie des hommes utiles à l'humanité, et de tenir enfin les lecteurs au courant de tout ce qui se passe d'intéressant dans le monde industriel et agricole.

Il donne, en outre, un grand nombre de faits, recettes, procédés divers utiles aux cultivateurs et aux ouvriers.

Une partie du journal, consacrée aux *lectures du soir*, contient un roman choisi avec la sollicitude la plus scrupuleuse.

Instruire et moraliser sans ennui, tel est le programme de la *Gazette du Village*.

En vente :
1re année 1864. 4
2e — 1865. 4
3e — 1866. 4

On s'abonne à Paris, rue Jacob, 26, en envoyant un mandat de SIX francs sur la poste. (Les frais de ce mandat ne sont que de 6 centimes.)

39e ANNÉE — 1867

REVUE HORTICOLE

JOURNAL D'HORTICULTURE PRATIQUE

FONDÉE EN 1829 PAR LES AUTEURS DU BON JARDINIER

Rédacteur en chef : M. Carrière

Chef des pépinières au Muséum d'histoire naturelle

PRINCIPAUX COLLABORATEURS :

D'Airolles, André, Bailly, Baltet, Boncenne, Bossin, Bouscasse, Carbou, Chabert, Chauvelot, Denis, de la Roy, Doumet, du Breuil, Durupt, Ermens, Gagnaire, Glady, Gloede, Groenland, Guillier, Hardy, Houllet, Kolb, Lachaume, de Lambertye, Lecoq, Lemaire, André Leroy, Martins, de Mortillet, Naudin, Neumann, d'Ornous, Pépin, Quetier, Rafarin, Sisley, Verlot, Vilmorin, etc.

PRIX DE L'ABONNEMENT POUR LA FRANCE ET L'ALGÉRIE

Pour un an.	20 fr.	»
Pour six mois.	10	50

On souscrit en envoyant à la *Librairie agricole*, 26, rue Jacob, le prix de l'abonnement en un mandat sur la poste dont la souche sert de quittance, ou en timbres-poste, en envoyant comme compensation de la perte subie par l'Administration pour l'échange contre espèces, quatre timbres-poste de 20 centimes pour l'abonnement d'un an, et un timbre de 40 centimes pour six mois : soit pour un an 20 fr. 80 en timbres-poste, et pour six mois 10 fr. 90. La quittance du journal est envoyée à la réception des timbres-poste.

On souscrit encore en avisant l'Administration de faire traite pour la somme de 20 fr. 80 pour un abonnement d'un an, et de 11 fr. 40 pour six mois.

PRIX DE L'ABONNEMENT. — UN AN (JANVIER A DÉCEMBRE) : 20 FR.

France jusqu'à destination.		*Franco jusqu'à leur frontière.*	
Italie, Belgique et Suisse. . . .	20 fr.	Grèce.	25 fr.
Angleterre, Égypte, Espagne, Pays-Bas, Turquie, Allemagne, Autriche.	25	Suède.	25
Colonies françaises, Montevideo, Uruguay.	25	Pologne, Russie.	25
Etats-Pontificaux.	24	Buenos-Ayres, Canada, Colonies anglaises et espagnoles, Etats-Unis, Mexique.	25
Brésil, Iles Ioniennes, Moldo-Valachie.	26	Bolivie, Chili, Nouvelle-Grenade, Pérou, Java.	29
Portugal.	24		

N. B. — La *Librairie agricole* envoie un numéro spécimen de la *Revue horticole* à toute personne qui lui en fait la demande.

31e ANNÉE — 1867

JOURNAL D'AGRICULTURE PRATIQUE

MONITEUR DES COMICES, DES PROPRIÉTAIRES ET DES FERMIERS

(Seconde partie de *la Maison rustique du dix-neuvième siècle*)

Fondé en 1837 par Alexandre Bixio

Rédacteur en chef : M. E. LECOUTEUX
Propriétaire-Agriculteur
MEMBRE DE LA SOCIÉTÉ IMPÉRIALE ET CENTRALE D'AGRICULTURE DE FRANCE

Secrétaire de la rédaction : M. A. de CÉRIS

Gérant responsable : M. Maurice BIXIO

PRINCIPAUX COLLABORATEURS :

MM. Boussingault, Brongniart, Combes, H. Deville, Duchartre, Dumas, Michel Chevalier, Naudin, Payen, Wolowski, etc.,
Membres de l'Institut,

MM. Amédée Durand, Béhague (de), Bella, Borie, Bouchardat, Dampierre, Gayot, Guérin-Menneville, Heuzé, Kergorlay (de), Magne, Moll, Monny de Mornay (de) Nadault de Buffon, Reynal, Robinet, Vibraye (de), Vogué (de), etc.,
Membres de la Société impériale et centrale d'agriculture,

Et un nombre considérable d'agriculteurs, de savants, d'économistes, d'agronomes de toutes les parties de la France et de l'étranger.

Ce journal est autorisé à traiter les matières d'économie politique et sociale. Il paraît toutes les semaines par livraison de 40 pages in-8

FORMANT CHAQUE ANNÉE

DEUX BEAUX VOLUMES ENSEMBLE DE 1,700 PAGES

Avec de belles gravures noires dans le texte

PRIX DE L'ABONNEMENT POUR LA FRANCE ET L'ALGÉRIE

Pour un an.	20 fr. »
Pour six mois.	10 50
Pour trois mois.	6 »

On souscrit en envoyant à l'Administration du Journal, 26, rue Jacob, le prix de l'abonnement en un mandat sur la poste dont la souche sert de quittance, ou en timbres-poste, en envoyant comme compensation de la perte subie par l'Administration pour l'échange contre espèces, quatre timbres-poste de 20 centimes pour l'abonnement d'un an, et un timbre de 20 centimes pour chaque trois mois : soit pour un an 20 fr. 80 en timbres-poste, et pour trois mois 6 fr. 20. La quittance du Journal est envoyée à la réception des timbres-poste.

On souscrit encore en avisant l'Administration de faire traite pour la somme de 20 fr. 90 pour un abonnement d'un an ; de 11 fr. 40 pour six mois, et de 6 fr. 90 pour trois mois.

PRIX DE L'ABONNEMENT D'UN AN POUR L'ÉTRANGER

Franco jusqu'à destination.

Italie, — Belgique et Suisse. .	20 fr.
Angleterre, — Egypte, — Espagne, — Pays-Bas, — Turquie.	25
Allemagne, — Autriche. . . .	27
Colonies françaises, — Montevideo, — Uruguay.	29
Etats pontificaux.	28
Brésil, — Iles Ioniennes, — Moldo-Valachie.	32
Portugal.	28

Franco jusqu'à leur frontière.

Grèce.	25 fr.
Suède.	27
Pologne, — Russie.	27
Buenos-Ayres, — Canada, — Colonies anglaises et espagnoles, — Etats-Unis, — Mexique. .	30
Bolivie, — Chili, — Nouvelle-Grenade, — Pérou, — Java. .	34

N. B. L'administration envoie un numéro spécimen du *Journal d'agriculture pratique* à toute personne qui lui en fait la demande.

BIBLIOTHÈQUES

BIBLIOTHÈQUE AGRICOLE DES ÉCOLES PRIMAIRES.
BIBLIOTHÈQUE DES ÉCOLES RURALES. — BIBLIOTHÈQUE DU CULTIVATEUR.
BIBLIOTHÈQUE DU JARDINIER.

BIBLIOTHÈQUE AGRICOLE DES ÉCOLES PRIMAIRES

à 75 centimes le volume

Traité d'agriculture élémentaire et pratique, par C. Laurençon. 2 vol. in-18 avec figures. 1 50

PREMIÈRE PARTIE	DEUXIÈME PARTIE
Agriculture, sol, terres, engrais, amendements, instruments aratoires, façons culturales, assolements, jachère, culture des plantes, plantes alimentaires, plantes fourragères, plantes industrielles.	Animaux domestiques, fabrication du beurre et du fromage, principes d'horticulture, arbres fruitiers, principes de viticulture, fabrication du vin, fabrication de l'eau-de-vie et résidus, comptabilité agricole.

Chaque volume séparé. . . . . » 75

BIBLIOTHÈQUE DES ÉCOLES RURALES

à 75 centimes le volume

Jeudis de M. Dulaurier (Les), par Victor Borie. 2 vol. in-18 de chacun 126 pages et 40 gravures. 1 50

PREMIER VOLUME	SECOND VOLUME
Différentes espèces de terre, amendements, fumiers, drainage, irrigations, jachère, organisation des plantes, chimie agricole, échenillage, animaux utiles et animaux nuisibles, les fourrages, les labours, les instruments agricoles, etc.	Assolement, semailles, semoirs, le blé, la mouture, la farine, les moulins, les rivières, les poissons. Culture du seigle, de l'orge et de l'avoine, des betteraves, des prairies, des plantes industrielles, moisson, fenaisons, etc.

Horticulture (Cours élémentaire d'), par Boncenne. 2 vol. in-18, formant ensemble 312 pages avec 85 grav. 1 50

PREMIÈRE ANNÉE	DEUXIÈME ANNÉE
Organique des végétaux, culture potagère, culture des fleurs. 1 vol. in-12 de 152 pages et 48 gravures.	Organisation des végétaux ligneux, pépinières, multiplication, plantations, taille des arbres à fruits, culture de la vigne. 1 vol. in-12 de 160 pages et 34 gravures.

Chacun de ces volumes est vendu séparément. . . . . » 75

Histoire de France. Simples récits à l'usage des classes élémentaires des lycées, de l'enseignement secondaire spécial, des écoles primaires supérieures, par G. Ducoudray. 1 vol in-18 de 184 pages, avec 36 gravures coloriées hors texte. 1 50

Cet ouvrage a été admis par la commission des bibliothèques scolaires.

Le même ouvrage, cartonné. 1 75
— — toile rouge. . . . . 2 »

BIBLIOTHÈQUE DU CULTIVATEUR

Publiée avec le concours du Ministre de l'Agriculture

26 volumes in-18, à 1 fr. 25 le volume

Agriculteur commençant (Manuel de l'), par Schwerz, traduit par Villeroy. 5e édit., 332 pages. 1 25

Animaux domestiques, par Lefour. 1 vol. in-18 de 162 pages et 57 gravures. 1 25

Basse-cour, pigeons et lapins, par Mme Millet-Robinet, 5e édit., 180 p., 31 gravures. 1 25

Bêtes à cornes (Manuel de l'éleveur de), par Villeroy. 500 pages et 60 gravures. 1 25

Champs et prés (Les), par Joigneaux, 140 pages. 1 25

Cheval (Achat du), par Gayot. 1 vol. de 180 pages et 25 grav. 1 25

Cheval, âne et mulet, par Lefour. 1 vol. de 176 p. 192 gr. 1 25

Cheval percheron, par du Hays. 176 pages. 1 25

Choux. Culture et emploi, par Joigneaux. 1 vol. in-18 de 180 pages et 14 gravures. 1 25

Comptabilité et géométrie agricoles, par Lefour. 214 pages et 104 gravures. 1 25

Constructions et mécaniques agricoles, par Lefour, 216 pages et 151 gravures. 1 25

Culture générale et instruments aratoires, par Lefour. 1 vol. in-18 de 160 pages et 132 gravures. 1 25

Économie domestique, par Mme Millet-Robinet. 3e édit., 245 pages et 78 gravures. 1 25

Engraissement du bœuf, par Vial. 1 vol. in-18 de 100 pages et 12 gravures. 1 25

Fermage (estimation, plan d'amélioration, baux), par de Gasparin, memb. de l'Institut, ancien ministre de l'agriculture. 3e éd. 216 p. 1 25

Fumiers de ferme et composts, par Fouquet. 2e éd. 176 pages et 19 gravures. 1 25

Houblon, par Erath, traduit par Nicklès. 136 pages et 22 grav. 1 25

Lièvres, lapins et léporides, par Eug. Gayot. 216 p., 15 g. 1 25

Médecine vétérinaire (Notions usuelles de), par Sanson. 1 vol. de 180 pages. 1 25

Métayage (contrat, effets, améliorations), par de Gasparin. 2e édition. 162 pages 1 25

Noir animal (Le). Analyse, emploi, vente, par Bobierre. 156 pages et 7 gravures. 1 25

Poules et œufs, par E. Gayot. 1 vol. de 208 pages et 35 gr. 1 25

Races bovines, par Dampierre. 2e édit. 196 pages et 28 gr. 1 25

Sol et engrais, par Lefour. 180 pages et 54 gravures . . . 1 25

Travaux des champs, par Victor Borie. 188 p. et 121 gr. 1 25

Vaches laitières (Choix des), par Magne. 144 p. et 39 gr. . 1 25

BIBLIOTHÈQUE DU JARDINIER

Publiée avec le concours du Ministre de l'agriculture

12 volumes à 1 fr. 25 le volume

Arbres fruitiers. Taille et mise à fruit, par Puvis. 2e édition. 167 pages. 1 25

Asperge. Culture ; par Loisel. 2e édit. 108 p. et 8 grav. 1 25

Conférences sur le jardinage (légumes et fruits). 2e éd., par Joigneaux. 152 pages. 1 25

Dahlia, par Pirolle. 1 vol. in-18 de 148 pages. 1 25

Jardins et parcs, par de Céris. 1 vol. in-18 avec 60 grav. . . 1 25

Melon. Culture, par Loisel. 5e édition. 108 pages et 7 grav. . . 1 25

Pelargonium, par Thibaut. 2e édit. 108 pag. et 10 grav. . . 1 25

Pensée (Culture de la), par le baron de Ponsort. 1 volume de 108 pages. 1 25

Pépinières. par Carrière. 148 pages et 30 gravures. 1 25

Pétunia — Rosier — Pensée — Primevère — Auricule — Balsamine — Violette — Pivoine, par Marx-Lepelletier. 108 pages. 1 25

Plantes de serre froide, par de Puydt. 157 p. et 15 grav. . . 1 25

Potager (Le), jardin du cultivateur, par Naudin. 187 p., 31 gr. . 1 25

Chacun de ces volumes est vendu séparément.

FIN

PARIS. — IMP. SIMON RAÇON ET COMP., RUE D'ERFURTH 1

Librairie de la Maison rustique, 26, rue Jacob, Paris

BIBLIOTHÈQUE AGRICOLE DES ÉCOLES PRIMAIRES

à 75 centimes le volume

TRAITÉ D'AGRICULTURE ÉLÉMENTAIRE ET PRATIQUE, par C. LAURENÇON. 2 vol. in-18 avec figures. . . . . 1 fr. 50

Première partie

Agriculture, sol, terres, engrais, amendements, instruments aratoires, façons culturales, ossements, jachère, culture des plantes, plantes alimentaires, plantes fourragères, plantes industrielles.

Seconde partie

Animaux domestiques, fabrication du beurre et du fromage, principes d'horticulture, arbres fruitiers, principes de viticulture, fabrication du vin, fabrication de l'eau-de vie et résidus, comptabilité agricole.

Chaque volume séparé.. . . . . » 75 c.

GRAMMAIRE FRANÇAISE, avec exemples agricoles, par DOUAY. 1 vol. in-16 de 128 pages. Prix. . . . . » 75 c.

LECTURES ET DICTÉES d'agriculture revues et annotées, par GUSTAVE HEUZÉ. 1 vol. in-16 de 128 pages. . . . . » 75 c.

ALPHABET avec exemples agricoles, par ÉDMOND DOUAY.

LES JEUDIS DE M. DULAURIER, par VICTOR BORIE. 2 vol. in-18 de chacun 126 pages et 40 gravures.. . . . . 1 fr. 50

Premier volume

Différentes espèces de terre, amendements, fumiers, drainage, irrigations, jachère, organisation des plantes, chimie agricole, échenillage, animaux utiles et animaux nuisibles, les fourrages, les labours, les instruments agricoles, etc.

Second volume

Assolement, semailles, semoirs, le blé, la mouture, la farine, les moulins, les rivières, les poissons. Culture du seigle, de l'orge et de l'avoine, des betteraves, des prairies, de plantes industrielles, moisson, fenaison, etc.

COURS ÉLÉMENTAIRE D'HORTICULTURE, par BONCENNE. 2 vol. in-18, formant ensemble 312 pages avec 85 gravures.. . . . . 1 fr. 50

Première année

Organique des végétaux, culture potagère, culture des fleurs. 1 v. in-12 de 152 pages et 48 gravures.

Deuxième année

Organisation des végétaux ligneux, pépinières, multiplication, plantations, taille des arbres à fruits, culture de la vigne. 1 vol. in-12 de 160 p. et 34 grav.

Chacun de ces volumes est vendu séparément 75 cent.

HISTOIRE DE FRANCE. Simples récits à l'usage des classes élémentaires des lycées, de l'enseignement secondaire spécial, des écoles primaires supérieures; par G. DUCOUDRAY. 1 vol. in-18 de 184 pages, avec 36 gravure coloriées hors texte.

Cet ouvrage a été admis par la commission des bibliothèques scolaires

Le même ouvrage, cartonné. 1 75

— **toile rouge.** . . . . 2 »

PARIS. — IMP. SIMON RAÇON ET C., RUE D'ERFURTH, 1.

www.ingramcontent.com/pod-product-compliance
Ingram Content Group UK Ltd.
Pitfield, Milton Keynes, MK11 3LW, UK
UKHW020602180726
13838UKWH00001B/374

9 782329 480039